阅读成就思想……

Read to Achieve

WILEY

数据陷阱

不可不知的
数据处理、分析和可视化错误

［美］本·琼斯（Ben Jones）◎著　陈天皓　段力鲥　步凡◎译

AVOIDING
DATA
PITFALLS

How to Steer Clear of Common Blunders
When Working with
Data and Presenting
Analysis and Visualizations

中国人民大学出版社
· 北京 ·

图书在版编目（CIP）数据

数据陷阱：不可不知的数据处理、分析和可视化错误 /（美）本·琼斯（Ben Jones）著；陈天皓，段力鲲，步凡译. -- 北京：中国人民大学出版社，2022.11
书名原文：Avoiding Data Pitfalls:How to Steer Clear of Common Blunders When Working with Data and Presenting Analysis and Visualizations
ISBN 978-7-300-31063-3

Ⅰ. ①数… Ⅱ. ①本… ②陈… ③段… ④步… Ⅲ. ①数据处理－研究 Ⅳ. ①TP274

中国版本图书馆CIP数据核字（2022）第183104号

数据陷阱：不可不知的数据处理、分析和可视化错误

［美］本·琼斯（Ben Jones）著

陈天皓　段力鲲　步　凡　译

Shuju Xianjing：Buke Buzhi de Shuju Chuli、Fenxi he Keshihua Cuowu

出版发行	中国人民大学出版社		
社　　址	北京中关村大街31号	**邮政编码**	100080
电　　话	010-62511242（总编室）		010-62511770（质管部）
	010-82501766（邮购部）		010-62514148（门市部）
	010-62515195（发行公司）		010-62515275（盗版举报）
网　　址	http://www.crup.com.cn		
经　　销	新华书店		
印　　刷	天津中印联印务有限公司		
规　　格	185mm×230mm　16开本	**版　次**	2022年11月第1版
印　　张	16.5　插页1	**印　次**	2022年11月第1次印刷
字　　数	205 000	**定　价**	99.00元

《法句经》（*The Dhammapada*）即佛陀所说之法浓缩的"偈颂"，其中有这样一段经文：

> 若见彼智者，能指示过失，并能谴责者，当与彼为友；
>
> 犹如知识者，能指示宝藏，与彼智人友，定善而无恶。

大多数充满智慧的古代经文都劝告人们要寻找智者并汲取他们的建议。如果你认真聆听他们的话，就能避免可怕的错误，以及这些错误给你生活所带来的痛苦和不幸。我们每个人都会不时地需要一位导师、向导或专家。

不幸的是，我可能不是你要找的那个智者。我会说我更像一个在寻找这样一位智者过程中饱受挫折的普通人。因此，我更像乔恩·邦·乔维（Jon Bon Jovi）在《一鼓作乐》（*Bang A Drum*）中唱到的那样：

> 不，我不敢自称是个智者、诗人或圣人。我只是一个不断追寻更好生活的普通人。

在从事数据工作的过程中，很多次我都发现，捕捉并传达我所犯过以及我所看到的其他人犯过的错误类型，也许会有所帮助。我曾在全美各地的生产和交易环境（如工厂车间、会议室和新闻编辑室）中处理数据，也曾在东西两岸的企业会议室、虚拟聊天室以及学术大厅培训并教导人们如何处理数据。

这本书到底对哪些人有帮助呢？其实我自己就算一个。每当我在写博客、录制课程或制作演示文稿时，我发现自己一次又一次地回顾这些材料。每当我这样做时，我都会停下脚步，想想过去的我是如何比现在的我聪明这么多的，并对此表示感激。

我希望这本书也能对你有所帮助。如果你的数据之旅刚刚开始，我保证这当中大多数陷阱你都会遇到。我希望你在见到它们的那一刻就能识别出它们是什么——有时看一眼就能发现问题，而有时则需要在细节中发现。

如果你从事数据工作已经有些日子了，你会翻翻这章，看看那章，然后不由自主地点点头，低头瞥一眼跟我一起掉坑里时留下的一两个伤疤。当你读到关于其他类型陷阱的内容时，你可能会眉头一皱，心里一沉——你可能已经犯了这个错误，但还没有意识到。如果是这样，我想说我完全能够感受到你的痛苦。

不过重要的是，我们要学会振作起来，掸掉裤子上的灰尘，清理掉那些磨损的痕迹，抚平我们可能遭受的任何挫伤，然后继续前行，争取在未来避免重蹈覆辙。

同样重要的是，我们应当对他人展示出同样的宽容。犯错太容易了，而且犯错是一定会发生的。即使是专家，也经常会陷入数据陷阱。正如一条破旧的小路标示了穿越地形的最佳路线，我们越能承认并谈论自己的缺点，其他人落入我们曾经陷入过的陷阱的可能性就越小。我们将会为他们留下警告标志。

当提出并分享我们的错误时，你我可能都不得不放下曾经的骄傲，不过，我们可以将其视为留给后辈的礼物。他们可能会摇头，心想这些人怎么会搞得如此糟糕，但你我都知道，他们顺利发展的唯一原因就是我们帮他们避免了失误。

相较于维护你我的自尊而言，让人类能够进化成对地球而言快速且有效的数据劳动力才是更重要的事。我们目前还远没到那一步，甚至难以望其项背。

我想把这本书献给我的父亲理查德·琼斯（Richard Jones）。他的为人真的很棒，并且和我们一样，他一生中跌入过很多陷阱。当我让他面对那些他做过的伤害我的事情时，他都完全承认，并为此道歉。我永远不会忘记他给我的这份礼物。这让我十分释然。

从那以后，无论是个人层面还是专业层面，我在承认自己的错误方面的表现都要比以前好很多。谢谢你，爸爸，我爱你。

在他的病情恶化之前，我签了这本书的出版合同。半年后，他因恶性胶质瘤去世了，而我也失去了所有当初支撑我想要完成这本书的动力。在此期间，我的编辑和出版社团队对我非常友善。重拾写书热情的过程花了一段时间，确切地说是四年，但最终我完成了这本书。

从积极的一面来看，所有多出的时间都意味着我能发现更多的陷阱并加入到相应的章节中，而它们当中的大多数都是我曾掉进去过的陷阱。

我希望这本书对你有所帮助。愿你能警惕每个转角的陷阱，在数据之路上大步向前。愿你无论何时遇到错误都能表现出同理心，并愿你与身边的人分享经验教训。最后，愿你在这条道路上达到极高的境界，发现新的宝藏，解决急迫的问题，并解锁你从未预见过的成长。

如果你遇到了一些非常有智慧的数据专家，你可以把他们介绍给我，我会非常感激，因为我还有很多内容要向他们学习。

目 录
Contents

AVOIDING DATA PITFALLS ■■■■■■■■■■■

第 1 章　七类数据陷阱　　/ 1

七种特定类型的数据陷阱　/ 5

避免七种数据陷阱　/ 9

"我掉进陷阱里，爬不出来了"　/ 10

第 2 章　陷阱 1：认知误差　　/ 13

我们如何看待数据　/ 15

陷阱 1A：数据与现实的差距　/ 16

陷阱 1B：过度依赖手工的数据　/ 26

陷阱 1C：前后矛盾的评分　/ 34

陷阱 1D：黑天鹅陷阱　/ 42

陷阱 1E：可证伪性与上帝陷阱　/ 45

避免天鹅陷阱和上帝陷阱　/ 47

第 3 章   陷阱 2：技术陷阱   / 51

我们如何对数据进行处理   / 53

陷阱 2A：脏数据   / 54

陷阱 2B：糟糕的混合和连接   / 73

第 4 章   陷阱 3：数学失误   / 77

我们如何对数据进行计算   / 79

陷阱 3A：多重汇总   / 80

陷阱 3B：缺失值   / 86

陷阱 3C：汇总数   / 91

陷阱 3D：荒谬的百分比   / 96

陷阱 3E：不匹配的单位   / 102

第 5 章   陷阱 4：统计疏忽   / 107

我们如何对数据进行比较   / 109

陷阱 4A：描述性错误   / 111

陷阱 4B：推断陷阱   / 131

陷阱 4C：狡猾的抽样   / 135

陷阱 4D：对样本量不敏感   / 142

第 6 章   陷阱 5：分析偏差   / 147

我们如何对数据进行分析 / 149

陷阱 5A：错误地认为直觉和分析相互对立 / 150

陷阱 5B：浮夸的外推 / 158

陷阱 5C：欠考虑的插值 / 163

陷阱 5D：不靠谱的预测 / 166

陷阱 5E：不过脑子的衡量指标 / 168

第 7 章   陷阱 6：绘图乌龙   / 175

我们如何对数据进行可视化 / 177

陷阱 6A：棘手的图表 / 179

陷阱 6B：数据教条主义 / 204

陷阱 6C：错误地认为"最优"和"满意"相互对立 / 209

第 8 章   陷阱 7：设计风险   / 215

我们如何对数据进行修饰 / 217

陷阱 7A：令人困惑的颜色 / 219

陷阱 7B：遗漏的机会 / 224

陷阱 7C：可用性 / 230

第 9 章　　结语　　／ 239

　　　　避免陷入数据陷阱的检查单　／ 245

　　　　"未被听见的声音"陷阱　／ 247

译者后记　／ 251

第 1 章

AVOIDING DATA PITFALLS

七类数据
陷阱

How to Steer Clear of Common Blunders
When Working with Data
and Presenting Analysis
and Visualizations

要允许自己像普通人那样犯错。

乔茜·布拉勒斯（Joyce Brothers）

　　每一位数据分析者都会遭遇很多次数据陷阱，我亦如此。我们总是利用数据来建设一条通向美好未来的康庄大道，但是这条大道上充满了一个又一个坑，直到我们跌进坑里，才意识到自己的失误。甚至有时候，我们跌进了这些坑中仍不自知，时隔良久后才幡然醒悟，然而已是追悔莫及。

　　如果你曾经分析、处理过数据，一定有过类似的经历：你正在进行一场重要的演讲，你的数据深入而有见地，你的图表无可挑剔，并符合塔夫特教授的完美标准[①]，你做出重大结论的推理过程无懈可击、令人惊叹。而就在此时，一个坐在后排、皱着眉、环抱双臂的家伙，等到演讲快要结束的最后一刻质问你是否注意到你所使用的数据库有着根本性的重大缺陷，瞬间拆了你的台，把你丢进另一个数据陷阱中。这样噩梦般的经历足以使任何一位数据极客直冒冷汗。

　　数据陷阱的可怕之处在于，我们时常对它们视而不见。仔细想想，这是有道理的。

[①] 塔夫特教授是指美国耶鲁大学教授爱德华·塔夫特（Edward Tufte）。作为著名的统计学家、计算机科学家和政治学家，他在信息设计和数据可视化领域提出了许多具有开创性的标准。——译者注

在 20 个世纪后半叶之前，人类的大脑从来都不需要处理上亿条由 0 和 1 组成的数据；而在短短几十年间，我们就迈入了一个新的时代——海量数据不断增加，强大的数据处理工具也越来越多。在很多方面，我们的大脑还来不及追赶时代的步伐。

不过，数据陷阱并不总是令我们徒劳无功，很多时候情况恰恰相反。在这个全新的数据时代，我们已经获得了卓越的成就——我们完成了人类基因组的测序，并开始了解人类大脑的复杂性，以及其神经元是如何相互作用来主导意识活动的。在地球之内，我们对地质活动和气象规律有了更深入的了解；在地球之外，我们探索了无数广袤的星系。即使是在像假日购物这样简单的日常活动中，电商网站上的推荐算法也为我们增添了诸多便利。我们在利用数据方面的成功案例不胜枚举。

与此同时，我们对数据的错误使用也越来越多，也曾造成严重的危害及损失。从十多年前华尔街的计量分析师和他们的模型在金融危机中遭遇巨大的失败，到"谷歌流感趋势"的前车之鉴，我们对数据的利用并不总是成功的，甚至有时会遭遇滑铁卢。这也警示我们，不要因为掌握了大数据就志得意满[1]。

为什么这样说呢？因为我们很容易在某些错误上重蹈覆辙。及早发现这些错误并不是什么难事——只要犯错的人不是我们自己。而当我们自己犯错时，却常常浑然不觉，直到有个"坐在后排的家伙"给我们当头一棒。

就像我们的好友和同事一样，他们都很擅长发现别人搞砸的事，不是吗？我很早就学到了这一点。在我七年级时的科学展会上，小小科学家们可以和评委们一同巡场，并向其他参与者们介绍自己的科研项目。评委们为了加强学生们的讨论和探究，会鼓励他们在每一场展示后提问。尽管评委们是出于好意，但学生们却利用提问环节的机会来互相给彼此的方法和分析挑刺。小孩子们也可以是很"凶残"的。

---

[1] 这里引用了 2014 年的一篇文章《谷歌流感趋势的寓言：大数据分析的陷阱》。该文章主要讲述了谷歌利用大数据预测流感患病率的结果与美国疾控中心（CDC）的真实数据相比误差极大的事例，并分析了其中的原因。——译者注

与我儿子所在学校的家长们不同，我现在不再参加学生们的科学展会了，但我依然在做很多与数据相关的工作，并且我也和许多数据工作者们一起合作。在我所有的数据收集、数据整编、数据分析、数据可视化和数据推断的过程中，我注意到，在通往"数据天堂"的道路上，存在几种特定类型的陷阱。

根据我的经验，我把我们可能陷入的数据陷阱归结为七类。

七种特定类型的数据陷阱

陷阱 1：认知误差——我们如何看待数据

数据能告诉我们什么？或许更重要的是，数据不能告诉我们什么？认识论（Epistemology）是研究知识理论的哲学分支，研究什么是合理的认知（信念），什么只是观点。无论我们选用怎样的图表类型，我们经常会秉持错误的思维模式和假设来处理数据，从而导致整个过程出错。这类错误包括：

- 把手头的数据当作现实世界的完美反映；
- 仅仅基于历史数据，就对未来做出定论；
- 试图用数据来证实已有的结论，而不检验该结论是否为谬误。

避免认知误差，想明白什么是合理的、什么是不合理的，这是成功进行数据分析的重要基础。

陷阱 2：技术陷阱——我们如何对数据进行处理

当我们决定要使用数据来解决特定问题的时候，我们就需要收集数据、保存数据，把数据和其他数据集进行合并、转换、清理，并将数据调整到合适的格式。这个处理过程可能会导致：

- 由于分类级别不匹配或数据录入拼写错误产生脏数据；
- 计量单位或日期字段的不一致或不兼容；
- 合并不同的数据集时带来的空值或重复行，进而扰乱分析结果。

处理数据的步骤可能会很复杂和混乱，而精确分析则取决于正确地处理数据。有时候，数据中隐含的真相会因为处理不当而丢失；而我们可能在进行分析、得出结论的过程中，甚至意识不到我们的数据集其实存在重大的问题。

陷阱 3：数学失误——我们如何对数据进行计算

数据分析的过程时常涉及计算，也就是利用手上的定量数据进行数学运算。比如：

- 在不同的汇总级别上求和；
- 计算比率或比值；
- 做比例和百分比相关的运算；
- 在不同计量单位之间进行转换。

以上这些是使用已有数据域来创建新数据域的几个实例。就像在小学的数学课上一样，算数很容易出错。这样的计算错误可能会让我们付出巨大的代价，如这种类型的失误曾在 1999 年让一台价值 1.5 亿美元的火星探测器坠毁[①]。如此大的损失，甚至不能用陷入"陷阱"来形容，这简直就是陷入"黑洞"了。

---

① 1999 年，美国航空航天局（NASA）发射的一枚火星探测器坠毁。事后调查表明，事故原因是其中一个工程师团队在计算中使用了英制单位，与航天局使用的国际单位不同，导致了系统失效。——译者注

陷阱 4：统计疏忽——我们如何对数据进行比较

"世界上有三种谎言：谎言、该死的谎言和统计数字。"[①]这个说法一般用来批评那些混淆数据而误导他人的人，但是我们自己也免不了在统计数据上自欺欺人。无论我们是用统计学方法做描述还是做推断，都可能会遭遇陷阱。

- 我们所使用的变量或者集中趋势的度量方法，是否会将我们引入歧途？
- 我们掌握的样本，究竟能否代表我们想要研究的总体？
- 我们使用的比较方法，在统计学意义上是有效且合理的吗？

这类陷阱不仅为数众多，而且很难一眼分辨出来，因为它们所涉及的思维方式，有时候就连专家们也会弄错。"简单随机样本"的概念其实一点都不简单，就如同让一名数据专家用外行话解释什么是"p 值"，他也不一定能说对。

陷阱 5：分析偏差——我们如何对数据进行分析

对数据进行分析是数据工作的核心。使用分析手段，我们才能得到结论并做出决定。我们有不少人的工作头衔中都包括"分析师"的字眼，但事实上，几乎每个人都或多或少地承担着数据分析的任务。数据分析已经达到了新的高度，稍有不慎，就会让我们跌入低谷，比如：

- 模型对历史数据过度拟合；
- 忽略了数据中的重要信号；
- 外推或插值的方法不合理；
- 使用了毫无意义的测量指标。

例如，使用网络搜索趋势来预测有多少人会得流感真的合理吗？毕竟，搜索引擎的

---

① 该说法出自美国大文豪马克·吐温的《我的自传》一书。——译者注

算法是不断变动的，而使用搜索引擎的人群的行为，也会因媒体报道和搜索推荐而发生改变。

陷阱 6：绘图乌龙——我们如何对数据进行可视化

绘图乌龙是最容易被发现的。为什么呢？因为视觉上的错误是显而易见的。你想必知道我指的是什么，如分成几十块令人眩晕的饼图、y 轴起点设为最大值的一半、给人以误导的条形图，等等。幸运的是，这些陷阱已经被很好地记录归纳，而想要识别它们，只需问几个问题：

- 我们是否为手头的任务选择了足够合适的图表类型？
- 图表能够清晰地表达出要点吗？还是说，我们要很努力才能看懂它？
- 我们是否利用了前人总结的经验规律，并且不过于墨守成规？

当然，如果我们不小心跌进了前面介绍的五种类型的陷阱，那么选择再完美的图表类型也无济于事。但如果我们在前面的步骤中都做得很出色，却在这一步搞砸了，那该多可惜啊！

陷阱 7：设计风险——我们如何对数据进行修饰

作为人类，我们都由衷喜爱优秀的设计。我们在上班途中开着设计精良的汽车，里面各种控制按键的位置都恰到好处；到了办公室里，我们坐在人体工程学座椅上，其轮廓设计完美地贴合了人体曲线。当我们坐下来打开浏览器时，为什么还要查看一张花哨的信息图表或者一份笨重的数据报表？因为，设计很重要。

- 我们选择的配色方案让图表更模糊难解，还是更清晰易懂？
- 我们是否利用创造力来合理地修饰图表，还是错过了添加有价值美学元素的绝佳契机？
- 我们所创建的视觉对象是易于互动，还是会让用户感到困惑？

将这些设计元素运用得当，可以牢牢抓住读者们的注意力；反之，他们就会完全无视我们的成果，而去关注其他内容。

以上七种数据陷阱，就像七宗罪——其中任何一种都可能使我们的数据工作功亏一篑。但我们不需要害怕这些陷阱，我们只需学会如何在跌入陷阱后重新爬出来，甚至提前避免跌入陷阱就可以了。

那我们该怎么做呢？

避免七种数据陷阱

当我们在现实世界中遭遇陷阱时，我们总希望能遇到一个既好看又实用的指示牌，提前警告我们前方有风险，就像位于华盛顿州贝尔维尤煤溪瀑布小路边的那种警示牌一样，如图 1-1 所示。

图 1-1　写着"警告：请勿入内"的警示牌

然而对于数据陷阱来说，这种有用的指示牌一般并不存在。我们应该了解存在于认知、过程和沟通等方面的陷阱，并知道为何稍有不慎就会跌入其中。了解它们并保持警惕是其中的关键所在。显然，如果我们不对这些令人讨厌的陷阱了如指掌，就不会知道它们的样子、该如何发现它们，以及它们所展现出的明显信号，我们也就很容易陷入其中。

但是，仅仅了解这些陷阱是不够的。即便是最聪明的数据专家，也会不时掉入这些隐蔽的陷阱。在探索数据的旅途中，我们需要一些有效的技巧和可值得信赖的指导意见。

从下一章开始，我们会总结一些实用的窍门来帮助大家避免这七种不同类型的数据陷阱，确保我们能够步入正轨。在我们结束第 8 章中对第七类陷阱"设计风险"的讨论后，我们将拥有一份完整的检查单，来作为在数据探索之旅中的路线图。

"我掉进陷阱里，爬不出来了"

实际上，当我们在进行数据之旅时，并不会总有时间把检查单上的每一项都过一遍。紧张的业务需求和快节奏的工作环境意味着紧迫的截止期限，这要求我们必须在比真正所需时间更短的期限内，从数据中获得深刻见解。

在这种情况下，我们可能不得不硬着头皮前进。但至少我们可以利用最后一章中所展示的"避免陷入数据陷阱的检查单"来做一番事后检查，以辨别我们有哪些特别的倾向，并经常会陷入哪些陷阱中。

犯错是在所难免的。我可以向你保证，在不久的将来，你一定会陷入一个或多个陷阱中。你的同事也是如此，而我也一样。也许我在这本书里，就掉进了其中的某些陷阱。

作为一个物种，人类仍然在学习如何改变自身的思维方式，以适应数据这种新媒介。

从进化的角度来说，处理大规模的数据表格和数据库不仅是一项新任务，而且几乎是新到不能再新了。化石证据表明，解剖学意义上的现代人类起源于大约 19.5 万年前的非洲，而计算机科学的先驱阿兰·图灵（Alan Turing）则在其 1936 年一篇在日后有深远影响的论文中才首次提出了现代计算机的模型——这也不过是 80 多年前的事。也就是说，我们步入计算机时代的历史，在长度上只占据整个人类历史的 0.04%。把这个比例放在一天中，相当于这一天的最后 35 秒，只有从晚上 11 点 59 分 25 秒到午夜 12 点那么短。

所以，犯错是免不了的。那么当错误发生时，我们该怎么办呢？我们应当把这些错误看作在寻找正确前进方向中不可避免的一步。

你还记得以前学过的"放血疗法"吗？就是为了治病而把病人的血抽出来的那种愚昧疗法。在我们这个时代，当年轻人学到这种野蛮的疗法时，总会嘲笑它的愚不可及。但是从古代到 19 世纪末，放血疗法作为一种常用的治疗方法，沿用了两千多年。

就像我们的前辈一样，我们这代人也常常会犯很多愚蠢的错误，而后人也会对我们的错误感到匪夷所思。所以，我希望有朝一日，"陷入数据陷阱"也会成为那种让我们的后代觉得匪夷所思的习性。

那么，当我们发现自己陷入了令人生厌的数据陷阱时会发生什么？我们要怎么做呢？我们会倾向于假装什么都没有发生，把错误掩盖起来，希望没人发现它。而这和我们应该做的恰恰截然相反。

- 首先，试着从陷阱里爬出来：改正你的错误；
- 其次，在你的检查单中对应的那一项的旁边做一个标记；
- 最后，告诉别人发生了什么。

　　这个过程听起来可能挺自虐的，但实际上，它能帮助我们锻炼有效处理数据的能力。为了确保其他人也能遵循这些步骤，我们要尽量避免在别人陷入数据陷阱时谴责他们。要记住，别人犯的错误，你以后也可能会犯。

陷阱 1：
认知误差

How to Steer Clear of Common Blunders
When Working with Data
and Presenting Analysis
and Visualizations

没日没夜的信息轰炸让我们失去了常识。

格特鲁德·斯坦（Gertrude Stein）

我们如何看待数据

认识论是哲学的一个分支，涉及我们知识的本质、来源和范围。它来自希腊语单词"episteme"（知识）和"logos"（学说[①]）——即知识的学说，或者换句话说，谈论知识。

让我们来聊聊知识，因为它与数据处理有关。但我们为什么要在这上面花时间呢？因为显然许多学科的实践者都会忽略其所专注领域的基本原理。以驾驶汽车为例，大部分司机都不能解释内燃机的工作原理或者电动汽车中的电池是如何工作的，但这并不妨碍他们开车上街，不是吗？

关于了解原理这件事，对数据进行处理并不像开车那样。相比而言，它更像是烹饪。为了做好这道菜，我们需要了解热量随时间传递到食物的方式，以及不同调料之间要如

[①] logos 在希腊语中更多的是指"话语"的意思。——译者注

何搭配才能产生最终的风味。我们不能一开始就随便把各种食材混在一起，并期望做出一道好菜。顺便提一句，这刚好是我和我大学室友学到的教训之一。

这正是我们在了解知识的基本原理之前，开始烹饪"数据"这道菜时经常会发生的状况。认识论就像我们处理各种数据的菜谱，让我们来看看它里面都有些什么。

陷阱 1A：数据与现实的差距

第一个要遵循的认识论原则就是，我们的数据和真实的世界之间始终存在着差距。当我们忘记"数据并不是其背后真实现象的完美反映"这种差距的存在时，就会头朝地栽入陷阱。这听起来非常简单，人们真的会忘记这一点吗？谁会陷入如此明显的陷阱呢？

毫不夸张地说，我几乎每次都无法避免这类陷阱。这类陷阱是个巨大的漏洞，几乎每个人在刚开始的时候都会陷入其中。

这个陷阱是这样的：我拿到了数据，然后开始进行分析，但我并没有先去思考数据的来源，如它是由谁收集的？它都告诉了我什么？还有很重要的一点就是，它没有告诉我什么？

在处理数据时，我们很容易把数据当成现实本身，而不是收集到了有关现实的数据。比如这些例子：

- 这不是犯罪，而是"被报告"为犯罪。
- 这不是机械零件的外径，而是"测得的"外径。
- 这不是公众对某个话题的看法，而是对调查做出回应的人所希望表达出的看法。

相信你应该懂了。这种差别可能看起来是技术细节，有时可能确实如此 [例如汉克·阿伦（Hank Aaron）"据报道的"本垒打数量]，但它也可能是个大问题。让我们通过一些例子来看看我们是如何陷入这类陷阱的。

▌例 1：所有那些我们没有记录在案的陨石

国际陨石学会（Meteoritical Society）提供了从公元前 2500 年至 2012 年之间撞击地球表面的 34 513 颗陨石的数据。如果我们拿到了数据就开始使用，就可能会因为第一类陷阱而做出许多不正确的假设。

让我们深入研究一下，以便更好地了解陷入这类陷阱所带来的影响。

我的一个叫拉蒙·马丁内斯（Ramon Martinez）的朋友绘制了一张地图，图中展示了 34 513 颗陨石撞击地球表面的位置。

当你在这样一张地图上查看数据时，你会注意到什么？陨石在撞击地球表面时更可能坠落在陆地而不是海洋上，这看起来是不是很不可思议？那亚马孙流域、格陵兰岛或非洲中部的部分地区又作何解释？这些区域是否有某种防护罩，或者有某种神灵保护它们免受侵害？我们人类很擅长提出这类胡说八道的理论，不是吗？

原因很明显，其实拉蒙已经通过可视化标题为我们提供了答案——每个被记录在案的坠落的陨石。为了把陨石的情况纳入数据库，就必须对其进行记录，而为了对其进行记录，就必须有人对其进行观察。这些人需要知道把观察到的情况告知某人，并不是所有人都能做到这一点，而被他们告知的人还得认真地执行他们的记录工作。在发达国家人口密度更高的地区，这种情况会更容易发生。

因此，这样一张地图并不是在向我们显示陨石更可能撞击地球的哪个区域，而是在告诉我们：（过去）已经坠落且被观察者看到并报告给如实记录的人的陨石更有可能在哪些区域。

哎呀，这句话是不是太长、太拗口了？你可能会翻白眼说，这不过是技术问题。但再想想 34 513 这个数字，如果我们从这个数字开始，并且如果我们像我最初假设的那样，无论陨石在何处坠落，专业人士或天文爱好者都会记录每一次陨石撞击，那么我们就会对这类事件在地球上实际发生的频率得出一个相当不准确的结论。

这并不是说国际陨石学会提供的数据是错的。只不过，自公元前 2500 年起，实际撞击地球的陨石数量与被观测、报告和记录的陨石数量之间存在差距。可以肯定的是，未知的总数与数据库中的数字之间存在着巨大的差异。毕竟，地球约 71% 的表面被水所覆盖，而且某些陆地地区本身也无人居住。

但是，由于地理原因未被看到而没有被包括在数据库内的陨石数量与因缺乏历史记录而未被包括在数据库内的陨石数量相比，要少太多了。如果我们查看如图 2-1 所示的散点图，其中显示了按日历年排序记录的陨石数量，每个年份都有其对应的点，我们会看到直到 20 世纪开始，记录才逐渐被完整地保留下来。

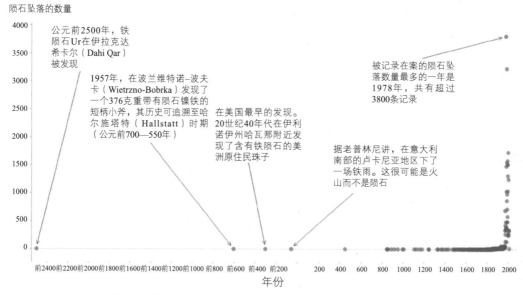

图 2-1　被记录在案的陨石坠落的时间线（公元前 2500—2012 年）

已知的最古老的陨石（追溯到约公元前 2500 年的伊拉克）与第二古老的陨石（追溯到公元前 600 年的波兰）之间存在巨大的时间差。在 1800 年之前的任何一年都不会有超过两个以上被记录在案的陨石。而到了 20 世纪，这一数字急剧上升，仅在 1979 年和 1988 年就分别有超过 3000 条记录。可以肯定地说，古代也存在大量的陨石，只是人类没有看到它们，或者说，即使人们看到了，他们也没有地方可以记录——至少不是在一个随着年代变更而能够长久保存记录的地方。

例 2：地震发生的频次真的在增加吗

让我们考虑下另一种地质现象——地震。我在南加州长大，而我还记得 1994 年 1 月 17 日凌晨 4 点 31 分，在洛杉矶的圣费尔南多谷地区发生了里氏 6.7 级地震，造成 57 人死亡，8700 多人受伤，并带来了大范围的灾害。

美国地质调查局提供了一个"地震档案搜索"表格，让访问者可以获得满足各种不同条件的历史地震清单。我们在对 1900 年至 2013 年里氏 6.0 级及以上的地震进行查询后，得出了令人震惊的折线图，如图 2-2 所示。

图 2-2　1900—2013 年全世界里氏 6.0 级及以上地震的折线图

我们是否真的相信地震发生的频率增加了这么多？当然不是。在 20 世纪初对地震的测量和收集与过去十年间的情况大不相同。由于技术的变化，对数十年来，甚至某些十年内（如 20 世纪 60 年代）的对比都不是在同一基准下进行的。

如图 2–3 所示，如果我们依照震级对该折线图进行分组，并添加描述关于地震学进步情况的注释，就会看到地震频次的增加仅限于较低级别的地震（震级里氏 6.0~6.9），且刚好与地震测量仪器的重大进步趋势相一致。

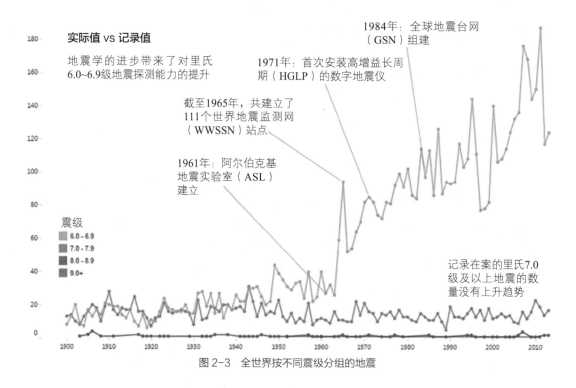

图 2-3　全世界按不同震级分组的地震

可以肯定地说，记录在案的地震频次的增加主要是因为我们探测地震的能力得到了提升。在这段时间内，由于探测系统质量的不断变化，地震实际发生的频次是上升趋势还是下降趋势，我们无法得到确切的结论。但地震实际发生的趋势可能是下降的，也不是不可能。

在地震领域，数据与现实之间的差距正变得越来越小。尽管这是一项令人称赞的技术发展，但由此带来的副作用是人们难以分辨历史趋势。

这其中基本的认知论问题在于，在我们所考虑的时间段内，"数据与现实之间的差距"一直在发生巨大的变化。我们很难确切得知在任何一年中，我们究竟缺失了多少次里氏 6.0 级地震的数据。

我们再来看另一个例子——计算穿越大桥的自行车数量。

例 3：自行车计数

从 2013 年到 2015 年，我在每天上班的路上都会穿越华盛顿州西雅图市的费利蒙大桥。这是一座建于 1917 年的蓝橙相间的双翼式开合桥。由于其距离水面较近，它平均每天会开合 35 次，据说这是美国开合次数最多的开合桥。其外观如图 2-4 所示。

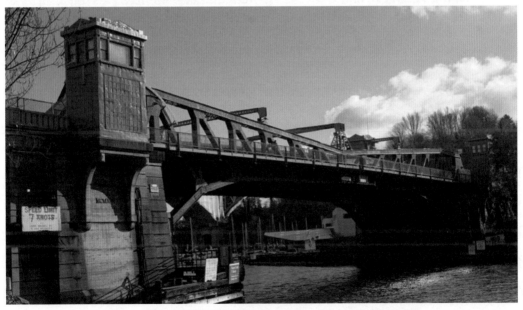

图 2-4　从华盛顿州西雅图的欧若拉（Aurora）大桥看向费利蒙大桥

西雅图是一个有着很多自行车骑行爱好者的城市。西雅图市交通局在该桥的行人 / 自行车道上安装了两个感应线圈，旨在计算每天沿任一方向穿越该桥的所有自行车的数量。该市还提供了可追溯到 2012 年 10 月 2 日的每小时计数情况。下载该组数据并对其进行可视化后生成的时间轴如图 2-5 所示。

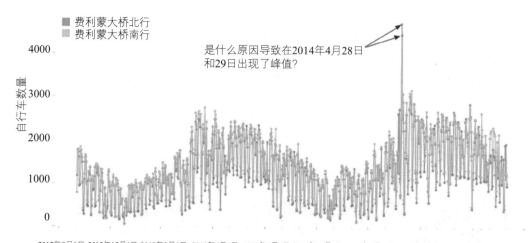

图 2-5　穿越费利蒙大桥的自行车数量的时间序列（2012 年 10 月至 2014 年 12 月）

有一天，我在离该桥不远的一个市场研究人员午餐会上展示了这个时间轴，并且，我向这些与会者询问他们是如何看待 2014 年 4 月下旬的这些峰值的。那时候，我并不知道这是什么原因造成的。

大家迅速地提出了一些想法。会不会是"骑行上班日"？也许是因为天气太好了，每个人都在同一时间头脑发热想要骑自行车。但奇怪的是，穿越大桥的其中一侧有峰值（spike），而另外一侧却没有，所以他们是怎么回家的呢？难道真的是有钉子（spike）让所有的轮胎都被扎了而导致漏气，使他们无法骑回家？ 或者，也许是因为一场有组织的自行车赛或俱乐部活动，在环形路线上，骑手们从另一个地方穿越水面，而没有在回程中重新穿过费利蒙大桥。

请注意，这些想法中每一个假设的前提都是基于这两天实际上有更多的自行车穿越了这座桥。包括我在内，房间里没有一个人对这一基本假设提出质疑。我们都不约而同地耸了耸肩，而我也继续我的演讲。

大约 20 分钟后，观众席后排的一位与会者举起了他的手机（这种举动现在来看是不太礼貌的），并大喊道，他找出了出现峰值的原因——设备故障。

在那年 4 月的某段时间，计数器出现了故障，不过故障只出现在该桥东侧的计数器[①]［由于某些原因在数据集中标记为"Fremont Bridge NB（费利蒙大桥北行）"］。你可以在西雅图自行车博客上读到当地博主与市政府工作人员之间关于这些异常读数回复的所有详情。博客的标题说明了一切："周一似乎打破了费利蒙大桥自行车计数器的纪录——更新：可能并没有。"

根据该博客中博主与市政府工作人员之间沟通的最新回复，在 4 月 23、25、28 和 29 日的早上，自行车计数共出现了四段长达一小时的峰值。如果仔细观察图 2–5 中的时间轴，你会看到在最高峰值之前的蓝线中也有较高的值。他们从来都没弄清计数器究竟出了什么问题（如果有的话），但他们确认计数器运行正常，并更换了一些硬件和电池。

而有趣的是，如果你现在再去下载这份数据，完全看不到这四段峰值了。他们调整了数据，并将这些异常的数值替换成了"典型数值"。这可真是有点儿意思。

真正令我困扰的是，房间中的每个人（包括我自己在内）都迅速开始从特定的框架内找出根本原因，而我们谁也没有想到从框架外进行思考。有一个简单的公式来描述使我们陷入困境的框架：数据 = 现实。我发现自己一次又一次地陷入这个框架中。每当发生这种事的时候，我都会为在处理数据时有多么容易陷入这种陷阱而哈哈大笑。

---

① 我查了一下谷歌地图，这个桥本身就是南北方向的。所以计数器应该分别位于桥的东侧和西侧，方向分别是北行（NB = Northbound）和南行（SB = Southbound）。——译者注

让我们再来看下认知偏差陷阱的另一个例子——计算埃博拉病例的死亡人数。

例4：当累计数字出现下降的时候

2014年，埃博拉疫情肆虐非洲西部，整个世界都惊恐万分。危机期间，世界卫生组织（WHO）在其每周报告中提供了有关死亡人数的数据。

让我们看一下世界卫生组织和美国疾控中心（CDC）报告的自2014年3月起到该年底为止的埃博拉疫情累计死亡人数的时间轴，如图2-6所示。注意累计死亡人数中出现的下降——也就是少数几次折线向下倾斜的地方。

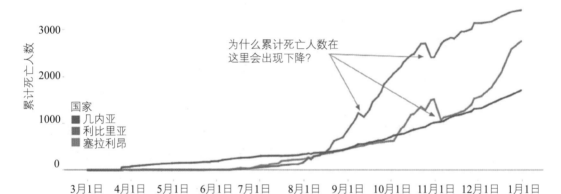

图2-6　埃博拉疫情在非洲西部死亡人数累计的时间轴（2014年）

乍一看，这似乎有些奇怪。新的一天死于疾病的总人数怎么会比前一天结束时要少呢？而我对这个问题的措辞表明我已经陷入了这个陷阱。

让我们换一种方式来提问：被报告的死于某种疾病的总人数怎么会随着时间而减少呢？

当然，这完全说得通。在设备和人员条件严重受限的较偏远地区，诊断疾病和确定死亡原因的工作一定是非常困难的。

对于生成这些数字的专家而言，任何特定人员的死亡原因并不总是显而易见的。几天甚至几周后收到的其他测试结果可以让之前记录的死亡原因发生更改。在流行病快速蔓延的情况下，必须先做出推测，之后在某个时间点再去证明该猜测的对错。

这就是为什么当你在阅读世界卫生组织的情况报告时，能够注意到它们将病例分类为"疑似病例"（suspected）、"临床病例"（probable）和"确诊病例"（confirmed）。具体分类的标准如表 2-1 所示。

表 2-1　　　　　　　　　世界卫生组织对埃博拉病例的分类表

分类	条件
疑似病例	任何人，无论死活，如果突然开始发高烧，并与疑似、临床或确诊的埃博拉病例或者一个死去或生病的动物有接触；任何突然开始发高烧，并出现至少以下三种症状的人：头痛、呕吐、食欲不振、腹泻、嗜睡、胃痛、肌肉或关节疼痛、吞咽困难、呼吸困难或打嗝；任何有无法解释的出血，或无法解释死亡原因的人
临床病例	任何被临床医生评估后的疑似病例或任何"疑似"死于埃博拉，且与确诊病例之间有着流行病学上的联系，但尚未进行检测，且没有获得实验室对其患病确认的人
确诊病例	当来自某人的样本在实验室中被检测为埃博拉病毒阳性时，一例疑似病例或临床病例将被归类为确诊病例

实际上，世界卫生组织和美国疾控中心在清楚地说明"被报告的"（reported）病例方面做得非常好（在世界卫生组织 12 月 31 日的情况报告中，"被报告的"一词出现了不少于 61 次）。

我提出这个例子并不是为了质疑和埃博拉疫情暴发做斗争和记录的相关人员或组织，完全没有这样的意思。如果要说的话，我要赞扬他们在与该疾病做斗争时的不懈努力，以及对那些遭受痛苦和垂死之人的照顾。我也要赞扬他们向我们清楚地传达了他们在报告数据时本身所存在的不确定性。但你可以看到，像我这样下载数据的人，有多容易对自己所看到的东西感到迷惑。

事实证明，在混乱的情况下对疾病和死亡进行分类确实是一件棘手的事情。该示例仅表明，即使在风险很高，并且全世界都在关注的情况下，数据与现实之间依然存在着差距。

之所以会这样，是因为这种差距是始终存在的。这不是是否存在差距的问题，而是差距到底有多大的问题。

还记得我早些时候提到的汉克·阿伦"据报道的"本垒打数量的例子吗？是的，在他的美国职业棒球大联盟（MLB）职业生涯中一共打出了令人惊叹的 755 支全垒打，该纪录保持了 33 年。但他在季后赛中打出的 6 支最重要的本垒打要怎么算呢？或是他在 1971 年和 1972 年代表国联（National League）出战全明星赛时打出的两支全垒打呢？让我们再来聊聊他在加入亚特兰大勇士队之前为印第安纳波利斯小丑队在 26 场正式比赛中打出的 5 支全垒打，这些也都不算吗？它们都没有被纳入官方数据中，官方数据仅囊括了在美国职业棒球大联盟常规赛中打出的本垒打。但有人可能会说，他在参加职业棒球比赛中打出的另外 13 支本垒打，应当使他的正式职业生涯的本垒打数量达到 768 支。

差距总是存在的。

陷阱 1B：过度依赖手工的数据

现在，让我们回顾一下。在陷阱 1A 中，我们看到了由于探测系统解析精度随时间不断变化（地震学）、出现不明故障（自行车计数器）、涉及人为计数而缺少数据（陨石）、分类错误而后续校正的数据（埃博拉病毒死亡人数），以及由于未说明规则和规则不明确而导致不确定的数据（汉克·阿伦的本垒打数量）所导致的数据与现实的差距。

但当我们记录自己测量并手动录入的数值时，常常会因四舍五入、凑数或猜测而造成另一种类型的差距。我们并不完美，所以当然也无法以完美的精度来记录数据。

我想展示的第一个对人为录入数据进行四舍五入的例子，如图 2-7 所示。这是飞行员向美国联邦航空管理局（The U. S. Federal Aviation Administration，FAA）提供精确到分钟的其飞机在跑道上或飞行中的特定时刻撞击野生动物的次数。尽管目前我不熟悉这些飞行员在遭遇和报告这些事件时所遵循的流程，但通过这张图，我敢打赌他们要么是手工写下后口述给其他人，要么是在一天中的某个时间手工录入了这些数据。

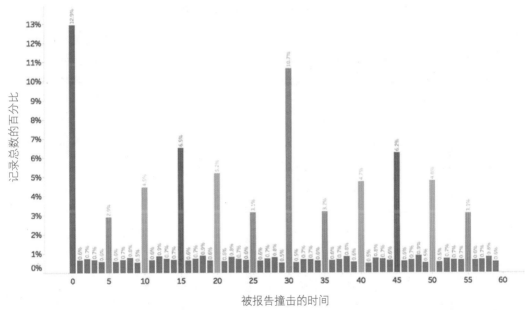

图 2-7　按分钟时刻排序的被报告的撞击数据（无空值）

当然，我们知道这种情况下飞机撞上鸟或其他生物的可能性不会随时间的变化而变化。也就是说，并不会因为时钟从下午 1 点 04 分跳到 1 点 05 分，野生动物的实际撞击的频率就会突然增加四倍多。这些圆柱的急剧增高是由于我们在看手表或时钟的时候倾向于把时间四舍五入。 比如，我们看到了 1 点 04 分而写下了 1 点 05 分，或者干脆写成 1 点 00 分——足够接近就行，对吧？飞行员也是这样想的。

如果这些数据是由安装在飞机上的某种自动记录每次撞击的感应装置生成的，并且每条记录中都包含一个日期时间戳，那么你可以肯定这种三角形的走势就会完全消失。而且由这种非人工的测量系统创建的数据也不是完美的，它也会有自己的独特之处、特质和模式，但它不会像这样四舍五入——除非我们对其进行编程处理。在这种情况下，就不会有任何未被四舍五入的时间数据条目了。

不过，这张图表的几何规律令我着迷。仔细想想：这幅图来自过去 18 年间所报告的 8.5 万多次野生动物的撞击。在近 20 年的时间里，全美各地成千上万的飞行员提供的数据最终产生了这个感觉像是由数学公式生成的图案。如图 2-8 所示，让我们来看看柱状的高度是如何触及这个非常有趣的频率线的。

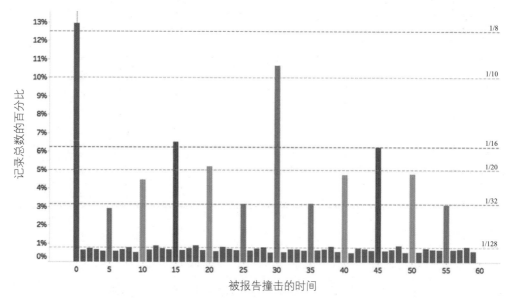

图 2-8　按分钟时刻排序的被报告的撞击数据（无空值，含参考线）

　　不仅仅是野生动物的撞击会产生这种图案。这里有一份我的朋友杰伊·刘易斯（Jay Lewis）收集的数据，该数据显示了他的孩子在最初 1976 次换尿布时的分钟时刻，如图 2-9 所示。这个图案看起来是不是很熟悉？这就是我所说的脏数据。

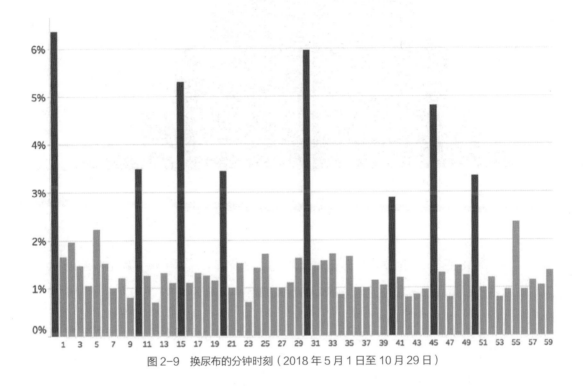

图 2-9　换尿布的分钟时刻（2018 年 5 月 1 日至 10 月 29 日）

　　不仅是时间，当我们报告其他定量和变量时，我们也会做出这种凑数或四舍五入的行为。我们看看另一个在人工录入时进行四舍五入的例子，如图 2-10 所示。

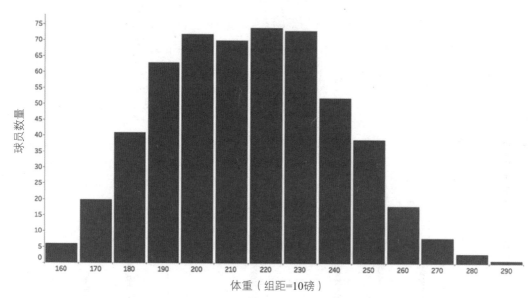

图 2-10　2017—2018 赛季 NBA 球员体重的直方图

2017—2018 赛季 NBA 球员的体重可以用直方图画出来，乍一看，如果我们以 10 磅为组距，就不会出现任何四舍五入或缺乏精度的迹象。

不过，我们可以再深入一点。如果将组距从 10 磅改为 1 磅会发生什么情况呢？现在，我们不再将运动员以每 10 磅为一组（比如体重在 160~169 磅的 6 位球员分为一组，体重在 170~179 磅的 20 位球员分为一组，等等），我们为每个整数体重创建一个分组，如两位体重 160 磅的球员被分在一组，而体重 161 磅的单个球员单列一组，依此类推。

当我们这样做时，另一个有趣的图就会出现并告诉我们这个测量系统正在发生些什么。捕获和记录数据的过程再次产生了人工录入数据的痕迹，这次我们看到的图与之前时间数据的图有所不同，如图 2-11 所示。

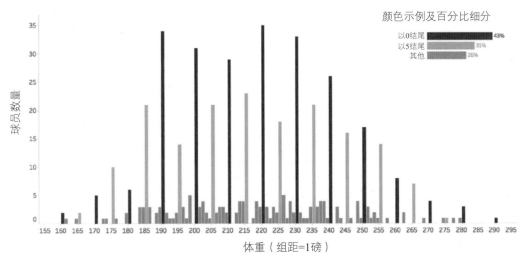

图 2-11　调整后的 2017—2018 赛季 NBA 球员体重的直方图

那这张图发生了什么情况呢？几乎一半球员的体重可以被 10 整除，而几乎每 4 位球员中有 3 位（74%）的体重可以被 5 整除。但仍有一些球员列出的体重没有落入这些整齐的分组中。超过四分之一（确切说是 26%）的球员列出的体重不能被 5 整除，例如，三名球员的体重被列为 201 磅——显然，如果有人想这样做的话，这是个很容易被四舍五入的数字，但像这样体重的球员数量是很少的。

当然，如果我们使用数字秤来称出所有球员的实际体重并自动捕获读数，球员的实际体重是不是就不会产生这类的"块状"数据了？可能仍然会有一些围绕某些值的球员分组，但这显然是由于人为报告的近似值所导致的。

我也很确定篮球队所聘用的医生和训练师肯定拥有比发布在网上的球员名单中更为精确的球员生物特征数据。但是，产生这些你我在网页上看到的特定值的过程，肯定有人为录入数据的痕迹。

我们再来看看其他地方。如果我们从网上抓取在 2018 赛季季前赛阵容中被列为现役的 2800 多名北美职业橄榄球运动员的名单，我们会看到类似体重被 5 和 10 整除的分组，只是程度不尽相同；只有一半的球员落入这些整齐的分组，而另一半则落入不可被 5 或 10 整除的分组，如图 2-12 所示。

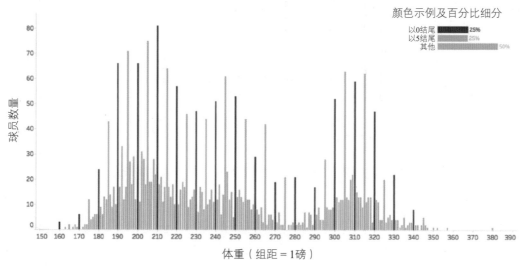

图 2-12　2018 赛季北美职业橄榄球现役球员体重的直方图（2875 人）

捕获并记录美国橄榄球现役运动员体重并将数据发布到在线名单的测量系统和过程导致数值无法被 5 整除的可能性是篮球运动员体重测量系统和过程的两倍[1]。这很可能是因为运动员的体重是这项运动中的关键因素，因此需要更为密切地跟踪和监控。但说实话，这只是一种猜测。我们必须为两个联盟制定测量系统，以找出精度上出现差异的根源。

你可能会说："好吧，但有谁会在乎呢？"在飞行员遭遇野生动物撞击的示例中，我们谈论的是 1 分钟；在篮球运动员体重的示例中，我们讨论的是 1 磅。但问题在于，有

---

[1] 这里讲的是与前面介绍的篮球运动员的测量系统相比的差距。——译者注

时候精度确实很重要，而数据可能会反映出这一点。

实际上，有一个完美的场景可以展示出当球员体重数据的精确度比在线球队名单更重要时数据的样子。每年，即将进入职业选秀的美式橄榄球运动员都会在一个名为 NFL 综合考察营（Combine）的活动中被球探以极高的精度来跟踪、观察和评估。这些球员需要经过一系列的体能测试——实际上除了头上的毛发数量以外，其他所有东西都要被计数和测量。那这个活动会产生哪种类型的体重曲线呢？

如果我们查看从 2013 年至 2018 年参加考察营并最终出现在 NFL 赛场上的 1305 名球员的数据，我们会发现，3/4 以上被记录和发布的球员体重都不是以 0 或 5 结尾的，如图 2–13 所示。

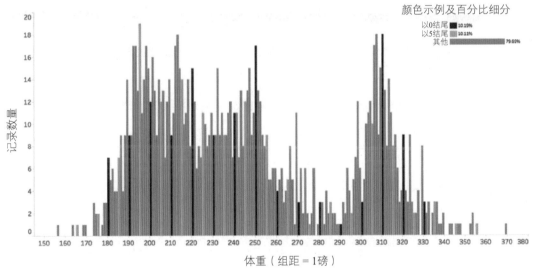

图 2–13　在 2018 年 NFL 综合考察营的 283 名球员体重的直方图

显而易见，这当中没有人工录入和四舍五入的步骤。如果我们按最后一位数字来查看球员体重的频数，可以看到考察营产生了一个非常均匀的分布，而球员的体重不再趋向于被记录为以 0 或 5 结尾，而是以其他任何数字结尾，如图 2–14 所示。

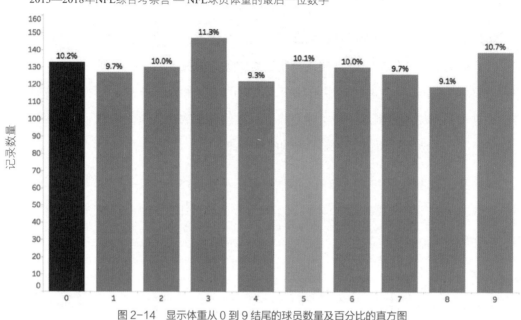

图2-14　显示体重从 0 到 9 结尾的球员数量及百分比的直方图

所以这意味着什么呢？也就是说，即使测量系统测量的是同类型物体（美国橄榄球运动员）的完全相同变量（体重），不同的测量系统之间也可能大不相同。有些测量系统会涉及大量人为的四舍五入、凑数和猜测，有些则涉及较少，有些则根本不涉及。除非我们对测量过程并对其产生的数据有深入的了解，否则我们不会知道我们面对的是怎样的测量系统。

当我们了解它了，我们就会更接近了解数据与现实之间的差距从何而来。

陷阱 1C：前后矛盾的评分

互联网因人类的评价而繁荣。就在过去的一个月，系统提示我为一家很小但味道很棒的新奥尔良早餐厅、不计其数的拼车行程、在一款热门 App 上听过的一些冥想音乐、三本有声读物、一本除了我妈妈之外没人会写的书籍，以及你能想出的各种东西进行评分。但这只是刚刚开始。

在我们告别数据收集过程中人类不完美的部分之前，让我们先谈谈香蕉。没错，就是香蕉。

我喜欢时不时地在社交媒体上搞搞"愚蠢的投票"。有时候，我会在我所发起的投票中给我的粉丝们稍微挖个坑，如图 2-15 所示。

图 2-15 社交媒体投票

所以也就是说，大概 1/5 在社交媒体上投了票的人表示他们不愿意在社交媒体上参与投票，另外约 1/3 的人回应称他们不想说自己是否愿意进行回应。嗯……

对不起，我跑题了，让我们继续说香蕉。去年我发起了另一次不太科学的小投票，让我在社交媒体上的朋友们对 10 张香蕉照片按成熟度的等级进行评分。每张照片都会被受访者分类为：未成熟、几乎成熟、成熟、非常成熟或熟透了。这五种不同的成熟度类型并没有被全美香蕉评估者协会或任何其他此类机构（如果有的话）审查过。它们都是我脑子里想出来的——显然我脑洞还挺大的。

图 2-16 展示了我呈现给他们的香蕉照片。每张照片只显示一次，而每个受访者看到的都是按照相同顺序显示的相同的香蕉照片。

图 2-16　处于不同成熟度阶段的香蕉

人们对香蕉成熟度的看法不完全相同，对此大家并不感到震惊。在我看来，成熟的香蕉对你来说可能只是几乎成熟的，并且绝对有人认为是熟透了。

不过，令我感到有些惊讶的是，受访者的评定标准是如此不同。对于 231 位受访者来说，10 张照片中只有 2 张得到了少于 3 个不同成熟度等级的分类。

其中 4 张照片被分为 4 个不同等级。而有一张照片在 5 个成熟度等级的分组中都至少出现了 1 次。结果如图 2-17 所示，你可以自己查看。

但这完全不是这个有趣的小型非正式调查的重点。再重申一次，虽然我认为分类中存在着如此巨大的差异很有意思，但实际上我完全在测试其他东西。我感兴趣的不是受访者们之间的一致性，而是每个受访者自身的一致性。

你注意到隐藏的彩蛋了吗？再看看这些照片。在 10 张图片中，有一张与另一张完全相同，只不过是它的镜像。在第二张展示的香蕉图像在调查结束时再次展示，但图像被镜像。这项调查没有提及这个事实，而只是简单地询问了每个人对成熟度的评级。

样本数量：231

2018年11月，通过谷歌表格进行10个问题的调查："请为这张照片中香蕉的成熟度等级进行评估。"

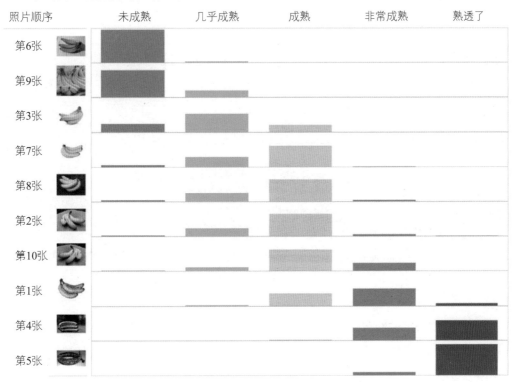

图 2-17　香蕉成熟度评估的结果

我真正感兴趣的是，有多少人对这两张照片的评价相同，又有多少人对它们的评价不同。

我的猜想是，1/10 或 1/20 的人会改变他们的评级。实际上，有超过 1/3 的受访者（占37%）更改了他们的评级。在 231 位受访者中，有 146 位对第 10 张照片的评级与对第 2 张照片的评级相同，而其中有 85 位对它们的评级不同。

如图 2–18 所示，这张桑基图（Sankey diagram）① 显示了受访者从左侧对照片 2 进行评级到右侧对照片 10 进行评级的流动情况。

受访者对香蕉成熟度的评级是如何从照片2（左）到照片10（右）变化的

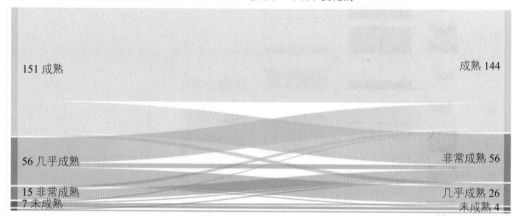

图 2-18　受访者对成熟度评级的变化情况

观察变化的另一种方式提供了有关可能发生情况的线索。如果在这个 5×5 矩阵中绘制受访者对第 2 张照片和第 10 张照片的评级，我们会注意到大多数更改评级的人都提高了他们对成熟度等级的判断。

实际上，在更改评级的 85 个人中，有 77 个人提高了成熟度等级（例如从"几乎成熟"变为"成熟"，或从"成熟"变为"非常成熟"），而只有 8 个人降低了评级，如图 2-19 所示。

---

① 桑基图，即桑基能量分流图。它是一种特定类型的流程图，图中延伸的分支的宽度对应数据流量的大小，通常应用于能源、材料成分、金融等数据的可视化分析。——译者注

第10张照片是第2张照片的镜像。37%的受访者为镜像的图片给出了与原始照片不一样的成熟度评级。来看看下面的表格，了解一下他们是如何改变自己的评级的。

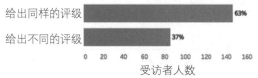

这是系列中的第10张照片，以及受访者是如何根据他们对第2张照片的打分来给这张照片打分的：

这是系列中的第2张照片，以及受访者是如何根据他们对第10张照片的打分来给这张照片打分的：

	未成熟	几乎成熟	成熟	非常成熟	熟透了	总计
未成熟	3	2	1	1		7
几乎成熟	1	20	30	5		56
成熟		4	110	37		151
非常成熟			3	12		15
熟透了				1	1	2
	4	26	144	56	1	231

图 2-19　对照片 2 的评级 vs 对照片 10 的评级

所以，为什么有相当高比例的评定者改变了他们的评级并提高了对成熟度等级的判断呢？那么，让我们看一下第 9 张照片，也就是"狡猾"的第 10 张翻转照片之前的那一张，如图 2-20 所示。

图 2-20　第 9 张香蕉照片

　　这些香蕉的颜色看起来有点青色，是不是？再次重申，这次调查是非常不科学、非正式，而且完全不受控制的。从理论上来说，受访者可能只是随机选择来完成这件事的，但我真的没有理由认为那是大概率事件。受访者没有被提供任何奖励或报酬，因此为了便于讨论，我会假设受访者会尽力给出他们的选择。

　　这代表了什么呢？对我而言，这意味着在对事物进行评级时，我们不是客观和前后一致的完美模型，即使在很短的时间内，我们的评级和观点也会受到一定程度的干扰，我们也可能在一定程度上会受到背景信息或我们在提供意见时的顺序的影响。

　　这与当前的主题有何关系？由于重复性和再现性的挑战，每个测量系统都会有一定程度的误差。不仅是对香蕉进行评级会这样，其他也是如此。你的数据是由测量系统创建的，而这个测量系统并不完美。不同的人在执行测量过程后会得到不同的结果，即便是同一个人重复执行这个过程，有时也会由于干扰源和错误源而得到不同的读数。这种实际情况意味着我们的数据并非现实的完美体现。

如何避免将数据与现实混淆

我们可以注意到,在上述的各种情况下,从数据自身的视角都会让我们意识到潜在的"数据与现实之间的差距"。对数据进行可视化可能是发现差距的最佳方式之一。

但是,在实验的初期,它有助于我们提醒自己,每个存在的数据点都是由容易犯错的人通过自带测量误差的设备并通过不完美的过程来收集、存储、访问和分析的。

我们对这些过程了解得越多,如使用的设备、遵循的协议、涉及的人员,以及他们采取的步骤、驱动力,就越能让我们更好地评估数据与现实之间的差距。

以下七个建议可以帮助你避免将数据与现实混淆:

- 清楚地了解所有指标的操作定义;
- 将数据收集的步骤绘制成一个流程图;
- 了解过程中每个步骤的局限性和不准确性;
- 识别方法或设备随时间流逝出现的所有变化;
- 试着了解人们收集和汇报的目的,是否会存在任何偏差或激励的因素;
- 对数据进行可视化并为可能的数据差异调查所有变化、异常值和趋势;
- 仔细斟酌数据的格式、处理和转换。

最后,每个数据收集活动都是独一无二的,并且有太多可能的错误来源,以至于无法将它们全部列出。这些是我遇到的一些典型问题,而你可能也会有自己的想法。

数据与现实之间的差距这个陷阱的核心在于我们对数据的态度。一旦掌握了一些数据,我们是傲慢或天真地将自己视为某个主题的专家,还是谦虚地意识到自己的知识还不完善,并且可能不知道整个事件的前因后果?

我们永远无法完全知道数据与现实之间的差距,因为那意味着需要完美的数据。不过,我们可以做的是,设法找出可能存在的差距,并在我们使用数据来塑造对我们所生活的世界的理解时，考虑到这些差距可能带来的影响。

假如数据与现实之间的差距讨论的是"数据是什么和不是什么"这个话题，那么在下一节中，我们将试着弄清楚数据可以被用来做什么，以及不可以被用来做什么。

陷阱 1D：黑天鹅陷阱

人们通常的思考方式是，充分利用数据，将其作为印证我们所生活的世界的真相的工具。我可以试着理解这个思路从何而来。我想知道一个月内有多少辆自行车穿过费利蒙大桥，所以我从政府部门的网站上下载了数据，进行了非常简单的计算，并得出了答案。

嘭！提出问题，得到答案，还有什么比这更好的吗？

尽管这些信息对我们可能是有用的，但这种认为"肯定的答案是我们能够从数据中获得的最好的东西"的想法存在着一个问题。

这种想法是完全错误的，它正好反映了我们作为人类都有的心理缺陷。

其实，事实恰好与这样的想法相反。对数据最好的使用方式反而是让它告诉我们，在我们此前对世界的看法中有哪些不正确的地方，并提出我们还未有任何答案的其他问题。接受这一点意味着要彻底摒弃"我们自认为需要的才是正确的"这一观点。

在解释之前，我需要区分一下在我们处理数据时所涉及的两种陈述。奥地利哲学家卡尔·波普尔（Karl Popper）博士在其 1959 年关于科学的认识论的开创性著作《科学发现的逻辑》（*The Logic of Scientific Discovery*）中阐述了以下两种类型的陈述：单称陈述（singular statements）和全称陈述（universal statements）。

- 单称陈述（例如"那边那只天鹅是白色的"）是对我们所生活世界的基本观察。这是一个经验事实。
- 全称陈述（例如"所有天鹅都是白色的"）是将世界分为两种单称陈述的假设或理论：全称陈述所允许的陈述和全称陈述不允许的陈述。如果在现实世界中被观察到，则后者不允许的这些陈述将会让该全称陈述成为伪陈述。

波普尔教会我们的是，单称陈述的确凿证据不能证明全称陈述是正确的。无论我们在探寻时遇到多少只白天鹅，我们都无法证明宇宙中的任何地方都不存在不是白色的天鹅。

但这就是问题所在，人们确实会有单称陈述中的这种感觉。我们一生中只看到过白色的天鹅，然后我们又遇到了另一只白色的天鹅，于是我们对"所有天鹅都是白色的"这一观点会越发坚信。

这就是归纳法——从特定观察中推导一般原则。它对于形成要检验的假设非常有用，但对于证明这些假设的真假却完全没用。不过，它的确会带给我们确定的感觉，而这通常会导致非常坚定的信念。

正如波普尔所指出的那样，仅凭信念是不能将一种理论纳入到被称为科学的知识体系中的。这是信仰，信仰本来没有错，我们只是不能用它来向别人证明什么。

另一方面，只要观察到一次不是白色的天鹅就可以揭穿我们的全称陈述，并明确表明它是错的。这正是 1697 年发生的事情，威廉·德弗拉明格（Willem de Vlamingh）带领一群荷兰探险家前往澳大利亚西部，并成为第一批观察到黑天鹅的欧洲人，这立即驳斥了人们普遍认为"所有天鹅都是白色的"这个观点，如图 2–21 所示。

正如欧洲人和他们因反复观察到白天鹅从而认为"所有天鹅都是白色的"的错误归纳一样，我们经常会假设我们在数据中遇到的单称陈述验证了普遍真理。我们会去推断我们在数据中看到的某些东西的适用范围超越了其出现时的时间、地点和条件限制。

图 2-21　我最近一次去毛伊岛（Maui）旅行时拍到的黑天鹅

- 这不仅是 2014 年 4 月自行车通过费利蒙大桥的次数，也是一般情况下自行车穿过该桥的次数。
- 这不仅是某些特定客户的偏好，也是所有其他潜在客户的偏好。
- 这不仅代表着试生产线在资格认证的过程中具有很高的产量，在批量生产时该工艺也将具有很高的产量。
- 这不仅代表着去年某个共同基金的表现优于所有其他基金，这也是今后最好的投资。

　　我们有多少次事后才发现这些从特定观察中推导一般原则的归纳跃进是错误的？就像我们大脑中有一个默认设定一样，它假定我们发现的所有事实都是宇宙的不变属性，并且肯定会一直延续下去。这是我们在思考数据的方式中存在的一个细微但隐蔽的错误。我们甚至在招股说明书本身有"过往业绩不能预测未来的回报"这种警告提示的情况下，依然会陷入这个天鹅陷阱。

这就是为什么了解单称陈述和全称陈述之间的区别会如此重要，每当我们有意识地决定在全称陈述领域中工作时，我们都致力于构造可证伪的全称陈述。也就是说，所有可能证明我们的假设错误的单称陈述的集合一定不能为空值。"所有天鹅都是白色的"的全称陈述可以且被证明是错误的。这是一件好事。

但什么样的陈述是不能被证伪的呢？从理论上讲，不可能证明有人说错了吗？不，不一定。波普尔指出，基本的存在性陈述（例如"某某存在"）实际上是不可证伪的。那为什么不可以呢？

以单称陈述"存在一只黑色的天鹅"为例。证明它是正确的真的很容易，我们要做的就是找到一只这样的天鹅。但是，如果我们找不到呢？我们是否证明了该陈述是假的呢？其实并不会，我们没有证明这一点，是因为随着我们进行尽可能多的搜索，总有可能是我们错过了它，或者有一些地方我们还没有看到。这听起来很疯狂，是不是？

陷阱 1E：可证伪性与上帝陷阱

这也是为什么"上帝是存在的"这一陈述不属于科学或数据分析领域的原因。无论我们做什么，我们都无法证明它是错误的。上帝可能只是隐藏了起来，或者无法被我们的感官所察觉。这就是为什么当人们使用科学或数据试图反驳神的存在时会令我感到困扰的原因。这是一个没有意义的尝试，因为该假设一开始就是无法证伪的。它是一个基本的存在性陈述。不管你信不信，都无所谓。如果你不信，那就不要欺骗自己说你有上帝不存在的证据。

但从另一方面来说，如果你确实相信上帝是存在的，那就不要大肆宣扬一堆无法证伪的关于神如何创造了宇宙的说法，并称其为"科学"，因为事实并非如此。这就是为什么威廉·奥弗顿（William Overton）法官在 1982 年麦克莱恩起诉阿肯色州教育委员会的判决中裁定不能在学校中将神创论（Creationism）作为科学进行教授的原因。除其他事项外，法院还发现神创论者提出的主张是不可证伪的，因此并不是科学。五年后，一个在此之前针对路易斯安那州的类似案件被上诉到最高法院时，最高法院保持了与他一样的观点。

这就是我在数据分析中所称的"上帝陷阱"的双重性质——我们要么建立了一个不可证伪的假设，要么尽力保护着我们的假设，使其免受任何可能证明其为错误的尝试的影响。

与那些喜欢就宗教信仰争论不休的人不同，我们是在积极寻求证明自己的假设是错误的，揭穿我们自己的神话，还是在试图证明自己是对的而别人是错的？

如果你仔细想想就会发现，我们实际上应该对那些证明我们采用的普遍真理是错误的并且需要更新的数据感到更加兴奋。当我们获得确凿证据时可能会感觉很好，但当我们意识到自己一直都错了的时候，我们便有了长足的进步。当我们遇到这样的数据时，完全应该与周围的人击掌庆祝。

如果我们天生如此就好了，可惜事实并非如此。但幸运的是，那些勉强发现的时刻可能非常痛苦，以至于我们永远也无法忘记它们。现实用一种非常持久的方式来不断地打破我们的妄想。

因为我们的认知错误迟早会变得很明显，而我们会意识到自己再次陷入了陷阱。

避免天鹅陷阱和上帝陷阱

我们该如何避免落入这两个与认知相关的陷阱呢？首先，我们来了解一下使我们陷入困境的过程。这个过程以及我们的思路通常是这样的：

1. 基本问题→ 2. 数据分析→ 3. 单称陈述→｛无意识的归纳跃进｝→ 4. 对全称陈述的信念

例如，让我们看一下费利蒙大桥自行车计数器的示例是怎样进行这个过程的：

1. 我听说费利蒙大桥上有一个自行车计数器。这太酷了，我想知道我能从城市自行车流量中了解到什么。

2. 好的，我从西雅图交通局找到了一些数据，看起来……

3. 在 2014 年 4 月，有 49 718 人从东侧（向北骑行）穿过了（crossed）大桥，有 44 859 人从西侧（向南骑行）穿过了（crossed）大桥。

4. 嗯，所以自行车更多的是从桥的东侧而不是西侧穿过（cross）。我想知道这是为什么？也许有些骑行者早上上班时骑车穿过（cross）大桥，下班却乘公交车回家吧。

这种动态的证据可以在似乎微不足道的东西中找到——在这个例子中，是动词时态的变化。在上述第 3 步中，我们指的是自行车"穿过了（crossed）"大桥，或者说是被测量到并记录下。但在第 4 步中，我们从过去时切换到了现在时，并使用了"cross"[①]一词。而只要我们这样进行了切换，就会再次深受归纳的愚蠢错误之害。

与此相反，我建议我们进行如下的处理：

1. 基本问题→ 2. 数据分析→ 3. 单称陈述→ 4. 可证伪的全称陈述假设→ 5. 诚实地试

---

① 英语动词用时态标记动作发生的时间，"cross"表示"穿过"的现在时，而"crossed"表示"穿过"的过去时。——译者注

着去反驳这个假设

1. 一个月内有多少辆自行车穿过费利蒙大桥？

2. 好吧，我从西雅图交通局得到了一些数据，看起来……

3. 数据显示，在 2014 年 4 月，自行车计数器记录的从东侧（向北骑行）穿过的计数为 49 718，从西侧（向南骑行）穿过的计数为 44 859。

4. 嗯，所以和该月从西侧穿过的计数相比，计数器在从东侧穿过的计数更高。我想知道是否所有月份从东侧穿行比从西侧穿行的计数要更高呢？

5. 让我看看情况是否如此。

进一步的分析表明，它确实是非典型的，如图 2–22 所示。

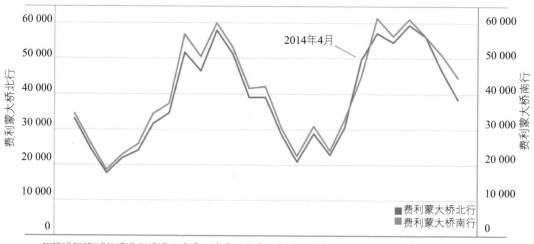

图 2-22　费利蒙大桥自行车计数器的测量结果

好吧，所以就过去几年而言，我的假设看起来似乎是错误的——西侧（费利蒙大桥南行）自行车计数器的计数通常比东侧（费利蒙大桥北行）的计数要高，并且我观察到了在夏季月份具有更高计数的季节性特征。我想知道 2014 年 4 月究竟发生了什么，因此我不得不继续观察后续的数据，来看看这种季节性趋势是依然持续，还是会发生变化。

你是否看到我们思考和谈论数据的方式发生了微妙的变化，从而使认知错误减少，提出了更好的后续问题，并且对我们所生活的世界有了更准确的了解？还需注意的是，我通过谈论自行车计数器的计数而不是实际穿越大桥的自行车数量来避免陷入数据与现实之间的差距的陷阱。

与往常一样，细节决定成败。而魔鬼非常关心我们是如何思考事物细节的。

陷阱 2:
技术陷阱

How to Steer Clear of Common Blunders
When Working with Data
and Presenting Analysis
and Visualizations

我唯一需要做的，就是完善我的过渡和技巧。

尤塞恩·博尔特（Usain Bolt）

我们如何对数据进行处理

在上一章中，我们已经理清了一些重要的哲学概念。现在，让我们深入到数据工作技术含量很高的一个步骤中，也是通常最开始要做的步骤，有人称之为"数据整理"，或者是"数据预处理"。这一步并不算光鲜亮丽，但你需要通过这样的方式来把你的数据调整成合适的状态，以便后续分析。

如果将数据工作的过程比喻为建房子，那么数据预处理就像是打地基、铺设水电线路一样。当房子建好后，你一般不太能看见这些工作的成果，但如果这些步骤搞砸了，你肯定不会愿意住在这儿。而在新房入住后再去修补地基和水电线路，只会让情况变得更加混乱和艰难。

数据预处理不仅对之后的数据工作至关重要，而且它往往是最耗时间的。一项经常被引用的数据统计结果表明，清理、整理和准备数据的时间，可以占到整个数据处理工作时间的 50% 至 80%。

所以，发现并学会避免这些关键、费时（诚实地讲）又很枯燥的过程中可能遇到的陷阱，对我们的成功是相当重要的。

首先，我们要承认以下这些数据整理的基本原则：

- 几乎所有的数据集都是"脏"的，需要用某种方式、在某种程度上做清洗；
- 转化过程中最容易出错，这些转化包括转换格式、混合数据、连接数据，等等；
- 我们可以通过学习一些技巧来帮助我们避免在后续分析过程中使用脏数据，或者在转化过程中防止犯错误。

如果你赞同这些原则，那么你也会同意下面这句话：在准备数据用于分析的过程中，存在着大量的陷阱，但我们并不会束手无策。尽管在数据整理中遇到的问题会令人感到沮丧，而解决这些问题的过程也不会轻松简单，但将数据清理干净是一件很有成就感的事，这种感觉就像你终于把衣柜整理得有条不紊了一样。当清理工作完美收官后，你会感到很轻松，不是吗？

陷阱 2A：脏数据

让我们首先声明，数据总是"脏"的，而且"脏"的形式各种各样：文字拼写错误、日期格式问题、单位不一致、数值缺失、空值、不兼容的地理坐标格式……这个列表可以一直不断地延续下去。就像 ggplot2[①] 的创作者哈德利·威克姆（Hadley Wickham）在其著作《R 数据科学》（*R for Data Science*）中借用列夫·托尔斯泰的名言所改写的那样：

---

① 这是一个 R 语言中的绘图软件包。——译者注

"整洁的数据集总是相似的，而脏乱差的数据集各有各的脏乱差。"

　　我们能从政府部门的网站上免费下载的公开数据集，可能会尤其地"脏"。让我们用一个有趣的数据集来做例子——拖车数据集。美国巴尔的摩市交管部门提供了一个可供下载的数据集，其中包括了从 2012 年 10 月到 2017 年 1 月期间，超过 61 300 条拖车事件的记录。图 3-1 所示的是该数据集前 11 列的最前面若干行的截图。

	A	B	C	D	E	F	G	H	I	J	K
1	propertynumber	towedDateTime	vehicleType	vehicleYear	vehicleMake	vehicleModel	vehicleColor	tagNumber	towCompany	towCharge	towedFromLocation
2	P206813	10/23/10 10:50	Car	99	Mercedes	C230	Burg	7EVM54	Jim Elliotts Towing	$140.00	200 Longwood Rd
3	P206814	10/23/10 11:00	Car	91	Lexus	LS400	Gray	EXV9405	Bermans Towing	$140.00	700 W Fayette St
4	P206815	10/23/10 11:35	Car	4	Chevrolet	Cavalier	Blue	9ERW87	Frankford Towing	$130.00	500 Grundy St
5	P206816	10/23/10 12:04	Scooter	8	Velocity		Black		Bermans Towing	$140.00	2100 North Ave
6	F011135	10/24/10 12:38	Van		LEXUS			9GAA97	City	$130.00	U/B W HUGHES ST.
7	P206905	10/25/10 11:12	SUV	6	Toyota	RAV4	Blue	410M804	Cherryhill Towing Service	$140.00	200 Fredhilton Pass
8	P206914	10/25/10 14:49	Car	97	Hyundai	Tiburon	Red	8EE291	City	$140.00	1 N Paca St
9	P207054	10/25/10 14:53	Car	95	Honda	Accord	Burgundy	A219155	Fallsway	$140.00	600 N Caroline St
10	P209809	12/20/10 8:41	SUV	0	Jeep	Cherokee	White	27415M5	Fallsway	$130.00	200 Monroe St
11	P209807	12/20/10 16:45	Car	93	Honda	Accord	Brown	4ELS75	Fallsway	$130.00	1400 E Monument St
12	P209808	12/21/10 7:37	Car	95	Bmw	318I	White	4EDT18	Fallsway	$130.00	100 S Greene St
13	P209775	12/22/10 12:35	Car	98	Pontiac	Grand Prix	Red	3FSH05	City	$140.00	3719 Greenmount Ave
14	P209776	12/22/10 12:41	Car	0	Nissan	Maxima	Black	9GCD55	Bermans Towing	$140.00	1400 Russell St
15	P209777	12/22/10 12:45	Van	97	Mercury	Villager	Green		Bermans Towing	$140.00	500 N Carey St
16	P209778	12/22/10 13:10	Car	93	Mitsubishi	Diamante	Silver		Aarons Automotive Services	$130.00	900 E 22nd St
17	P209779	12/22/10 13:26	Pick-up Truc	3	Ford	F350	Black	835213	Aarons Automotive Services	$130.00	2100 N Wolfe St
18	P209780	12/22/10 13:30	Van	99	Chevrolet	Astro	White		City	$130.00	2000 Ellsworth St
19	P209781	12/22/10 13:37	Car	0	Dodge	Stratus	Silver	95JC68	Frankford Towing	$130.00	1500 E Belvedere Ave
20	P209783	12/22/10 14:13	Pick-up Truc	91	Ford	F150	Red/Silver	48X235	City	$130.00	200 S Ellwood Ave
21	P209783	12/22/10 14:26	Car	98	Honda	Accord	Black	9AC4902	Aarons Automotive Services	$130.00	2800 Harford Rd
22	P209785	12/22/10 14:36	Car	98	Buick	Lesabre	Tan	7AA3187	City	$140.00	1600 Gwynn Falls Parkway
23	P209786	12/22/10 14:38	Car	99	Ford	Taurus	Black	7AD3025	Frankford Towing	$130.00	500 N Luzerne
24	P209788	12/22/10 14:40	Trailer	?	Ez Loader	Hydra-Sports	Silver	AA67474	City	$130.00	4020 Belle Ave
25	P209784	12/22/10 14:40	Boat	75	Sportcraft	Caprice	White	1703PN	City	$130.00	4020 Belle Ave
26	P209787	12/22/10 16:57	SUV	5	Lexus	RX330	Silver	33742CB	Frankford Towing	$130.00	3000 Mayfield

图 3-1　巴尔的摩市交管部门的拖车数据

　　软件推销员总是试图让我们相信，只要连接上数据库，然后嗖地一下，通过简单的拖拽操作，我们就能从数据中获得答案和深刻的洞察。这听起来是不是很诱人？让我们来试试看。每辆汽车都有其生产年份，而拖车场的工作人员已经好心地帮我们记录下了这一信息。我想知道在巴尔的摩一辆被拖走的车最有可能是哪年生产的，于是我简单地对汽车生产年份这一列求平均数，然后四舍五入到最近的整数。结果答案竟然是 23？

　　嗯，这看起来很奇怪。23 的含义不可能是 1923 年，而 2023 年显然也是不可能的，除非这些车都是德劳瑞恩（DeLorean）牌[①]的。这是怎么回事呢？汽车的平均生产年份怎

---

① 这是一家美国汽车品牌，已于 1985 年破产，预计在 2021 年重新投产，使用旧零件生产复古型汽车。——译者注

么会是 23 呢？

让我们来进一步检查一下数据，这也是我们经常要去做的事。我们其实并不用对数据集检查得特别仔细就能发现，在拖车场的汽车生产年份记录转化为电子记录的过程中，出了一点小误差。

如图 3-1 所示，当你快速浏览一下表单中"车辆生产年份"（vehicleYear）这一列时，就会发现我们在使用该属性时遇到了严重的麻烦。第一个数值是 99，大概意味着 1999 年。紧接着是 91，我们可以认为这辆车是 1991 年生产的。但是第三行中的"4"又是什么意思呢？我猜这代表的是 2004 年。而这一列的后面又有一个空值，更后面的地方还有一个"？"——这难道是说，记录那条空值的人故意空出了年份这一项，而那个写"？"的人不知道拖车的生产年份？这样的数值代表的含义可能不止一种。

让我们暂停一下，思考一下收集和存储这个数据的过程。上一次你需要拖车是什么时候呢？很不幸，就在我写下这句话的一周前，我的车在我家附近撞上了护栏，于是不得不被拖走。在夜雨中，我站在马路边，等着警察和拖车司机填写那些被淋得湿漉漉的文件，然后决定谁拿走哪一联的复写纸。不难想象，拖车数据的来源就是在类似场景中填写的那些表单。当拖车司机问我车子的生产年份时，我很确定我说的是 2011 年，但我没有看到他写下的是"2011""11"，还是在"11"前面加了个单引号（'11）。而我也不知道是谁把这些信息输入到电脑中，以及生成这些表单使用的是什么软件。在数据的转换过程中，很多信息都丢失了；而且很显然，许多人都没经历过 20 多年前的 Y2K[1]事件。

毫无疑问，我们会对拖车司机和拖车场的数据录入人员表示同情。如果我不得不输入 61 000 条这样庞大的数据，我也很可能会搞出不少错。所以我们该如何处理这列表示被拖

---

[1] Y2K 是 "The Year 2000"（千年虫）的简称，代指 21 世纪初的计算机系统日期格式的一场转换事件。在 20 世纪，很多计算机系统使用两位数记录年份，而在 21 世纪到来后，这种记录方式会引发许多问题。在 1997 年，英国标准学会（British Standards Institute）发布了新千年日期记录的新准则，以解决 Y2K 问题。——译者注

走车辆生产年份的定量数据呢？如图 3–2 所示，让我们首先用直方图来对其进行可视化。

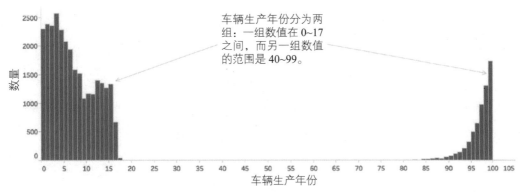

车辆生产年份分为两组：一组数值在 0~17 之间，而另一组数值的范围是 40~99。

图 3-2 对车辆生产年份的原始数据进行可视化

我们可以清楚地看到，所有记录的年份分为两组，两组中间看起来空空如也。左边的第一组取值在 0~17 之间。我们不妨推测，这些车是在 2000—2017 年之间生产的。右边的第二组取值在 82~99 之间。这些车很可能是在 1982—1999 年之间生产的。我们可以这样调整汽车生产年份的数值：取值 0~17 的都加上 2000，取值大于 17 的都加上 1900。

修正数据后的直方图如图 3–3 所示。

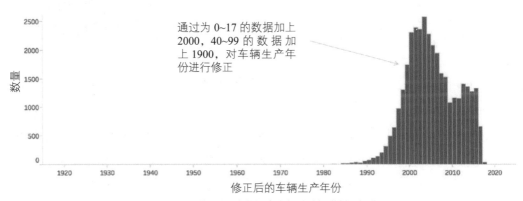

通过为 0~17 的数据加上 2000，40~99 的数据加上 1900，对车辆生产年份进行修正

图 3-3 对修正后的车辆生产年份数据进行可视化

这样看起来好多了！我们完成任务了，是不是？先别着急。通常，第一次调整或修正只是粗略的，之后还需要更精细的微调。就像我们擦地板时，有时还要回去清理额外的顽固污渍一样。这个数据集里面还有一些这样的顽固污渍。

我们可以看到，在修正后的汽车生产年份直方图里，左半部分有一个很长的尾巴。虽然看起来没有任何数据，但实际上有一些很矮的条形，分布在 1920（原始数据 20）、1940（原始数据 40）、1960（原始数据 60）和 1963（原始数据 63）。那么这些是不是一些被拖走的老爷车呢？让我们进一步检查一下这些数据，如图 3-4 所示。

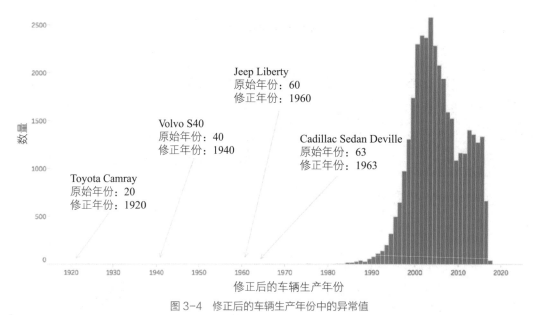

图 3-4　修正后的车辆生产年份中的异常值

现在，我们几乎可以确定"Toyota Camray"实际上是一辆"Toyota Camry"（丰田凯美瑞），而且它不可能是 1920 年生产的，因为丰田汽车公司直到 1982 年才开始生产这个型号；那辆"Volvo S40"（沃尔沃 S40）也肯定不是 1940 年生产的，但我们可以猜到为什么有人会把 S40 里的"40"写进年份那一栏；那辆"Jeep Liberty"（吉普自由者）不可能是 1960 年生产的，因为吉普公司只在 2002 到 2012 年间生产了这个型号的汽车；而那辆 1963 年的 "Cadillac Sedan Deville" 其实非常有可能是 1963 年生产的 "Cadillac Sedan de Ville"（凯迪拉克德维尔四门轿车），所以我们可以认为这个数值是正确的。

所以接下来，我们该如何处理那三条明显记录错误的数据呢？把它们剔除掉？查找更多信息来确定它们真正的生产年份，还是把它们放在那儿不管了？

这在很大程度上取决于我们要做怎样的分析，以及这些数值会不会严重影响最终的结论。我们在后面会讨论到，异常值会在很大程度上影响到平均值的计算（这里指算术平均值），所以我们要慎重考虑我们的选择，并且要详细记录我们所做的一切修正，或者我们决定保留在数据中的任何明显错误的数值。

就目前的情况而言，我决定暂时把这四个可能有问题的数值保留下来。在重新计算汽车的平均生产年份后，四舍五入得到的答案是 2005，而这看起来比 23 要合理得多。假如把这四个异常值移除出去，计算得出的平均值只会变动千分之一，在四舍五入之后的答案不变。所以我认为可以把这些数据保留，尽管我非常确信它们是错的。毕竟，它们不会实质性地改变我从数据中获得的发现。

说起这项发现，取得平均值后的汽车生产年份到底能告诉我们什么呢？今年早些时候，我在西雅图的营利性教育机构 Metis 上课，把这份数据展示给了一些学习数据科学的学生。一名非常聪明的学生指出，2005 年这项统计数据或许有些意思，但也有些误导性，因为每年被拖走的汽车的生产年份并不是固定的——你不能在 2014 年拖走一辆 2017 年生产的别克汽车。所以，如果在每一拖车年份内计算被拖走车辆的平均生产年份，再跟踪这些数值的变化，就会更有意义。在后续章节中，我们会就平均值的问题进行更多的讨论。

让我们再讨论一下那个 "Camray" 吧[①]。这个拼写错误让我们看到了该数据集另一个

---

① 此处的 "Camray" 是凯美瑞（Camry）的错误拼写，是前面四个异常值的车辆型号名称之一。——译者注

"脏"的方面，也就是"车辆品牌"（Vehicle Make）这个数据域。我们选择先处理这个数据域，因为理论上来说，相对于"车辆型号"（Vehicle Model）而言，这个数据域的取值范围要更小一些。因为大多数汽车品牌都生产很多型号，比如 Honda（本田）旗下就有Civic（思域）、Accord（雅阁）等不同型号。在"车辆品牌"这个数据域中，一共有 899个不同字段。出现次数最多的前 100 个品牌如图 3-5 所示，其中的字体大小与出现次数成正比。

图 3-5　这个词云可以让我们对最常被拖走的车辆是什么品牌有一个大致的概念

我们能一眼看到一些常见的汽车品牌：Chevrolet（雪佛兰）、Toyota（丰田）、Honda（本田）、Dodge（道奇）、Ford（福特）、Acura（讴歌）。但是我们也能看到一些非标准的名称，或者是不规范和错误的拼写，比如"Chevy""Cheverolet"和"Chevolet"，还有"MAZDA"和"Mazada"。另外，我们也能看到"1"和"Unknown"（未知）这样的。哦，对了，其中还有 Hyundai（现代），但是有时却被拼写成"Hyundia"。

图 3-5 中的词云只显示了 100 个最常见的被拖走车辆的品牌。除此以外，还有799 条记录呢。在整张列表中，我们还能看到"Dode""Dodg""Dodg3e""Dodgfe""Dfdge""Dpdge"等对"Dodge"（道奇）这个品牌的错误拼写，更不要说各种奇怪的

"Chevrolet"（雪佛兰）的变体了。让我笑出声的一条是"Peterbutt"[1]，它是"Peterbilt"（彼得比尔特）的错误拼写。列表中另一条很搞笑的是"Mitsubishit"[2]。

不过认真地说，我们面对这一堆乱七八糟的品牌名称该如何是好呢？到底该如何统计哪个品牌的汽车才是被拖走最多的呢？

OpenRefine 是一个可以免费下载的很有用的工具。通过 OpenRefine，我们能够迅速地辨认与合并一列数据中的相似值。如图 3-6 所示，当我们在 OpenRefine 中打开这个数据集，在"车辆品牌"这一数据域上使用聚类函数（cluster function），选择"键融合"（key collision）方法，使用"n 元语法—指纹"（ngram-fingerprint）作为键函数（keying function），并将 n 的值设为 1，我们就能大致看到每种汽车品牌有多少种错误写法了。

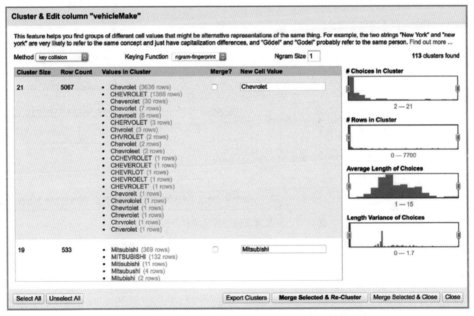

图 3-6　使用 OpenRefine 对"车辆品牌"名称进行聚类

---

① 大意是"彼得的屁股"。——译者注

② 正确的拼写应该是"Mitsubishi"（日本三菱），该错误拼写的最后四个字母含义为"狗屎"。——译者注

该算法一共发现了113个可以进行合并的不同聚类（写法），而我们可以向下滚动页面来逐一浏览每个聚类。我非常推荐逐一浏览一遍的做法，因为当我们这样做时就会发现这个算法其实并不完美。举例来说，"Dodger" 和 "Dodge" [1] 被识别成了不一样的两个聚类，而算法却建议把"Suzuui"［这显然是"Suzuki"（铃木）的错误拼写］合并到"Isuzu"（五十铃）的聚类中，如图3-7所示。

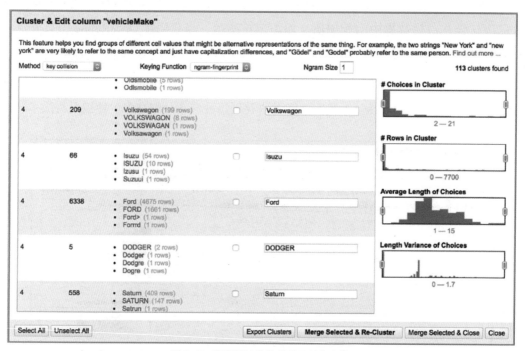

图3-7　聚类算法的推荐结果并非完美

我们还注意到，在图3-7中，OpenRefine建议为"Volkswagon"字段创建一个单独的聚类。如果你觉得这没问题的话——我最开始也是这么觉得的，其实是你没有意识到一个很重要的事实，那就是这一组里面的四种不同拼写其实都是"Volkswagen"（大众

---

① 前者不是汽车品牌，后者是汽车品牌"道奇"，很明显前者是后者的错误拼写，所以两者都应该归于同一类。——译者注

汽车）的错误写法。继续向下滚动，我们会发现，算法为这个正确拼写创建了另一个组，而我们可以对这一组进行手动修正。修正以后，我们可以发现，在这个数据集中，"Volkswagen" 一共有 36 种不同的写法，如图 3-8 所示。

图 3-8　数据集中 Volkswagen（大众汽车）的 36 种不同的拼写方式

在使用 "n 元语法—指纹" 算法并对明显错误进行修正后，我们可以将 "车辆品牌" 数据域中独立字段的个数从 899 个减少到 507 个，这让复杂度一下子降低很多。但我们完成任务了吗？

我们可以继续尝试不同的聚类方法——如果我们使用 Levenshtein 邻近算法，就可以进一步将 899 种不同字段减少到 473 个。最后，我们可以对这 473 个字段逐一检查，手动编辑那些算法未能识别的条目，从而有效地找出并替换所有相关的错误值。举例来说，这两个算法都没能正确地识别出 "Acira" 其实应该被归入 "Acura"（讴歌）那一组，所以我就手动修改了过来，如图 3-9 所示。

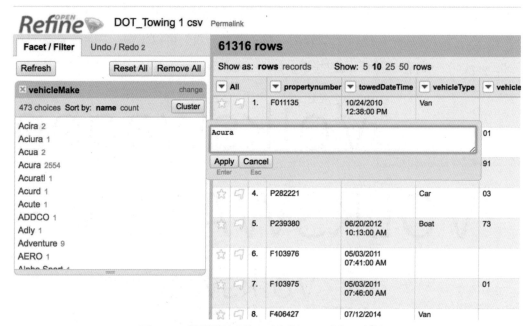

图 3-9　对聚类算法未能识别的数据逐一进行手动编辑

这样做很费时间，但假如我们需要逐一筛选汽车品牌中的全部 899 个不同词条，那会更痛苦，但至少这些聚类算法已经把需要筛选的数值减少了近一半。

我花了半个小时检查算法生成的列表，手动修改了一些聚类不正确的明显错误，最终得到了 336 个不同的"车辆品牌"数据域的数值。这里面仍然还有一些奇怪的字段，比如"Burnt Car"（烧焦的车）、"Pete"（皮特）、"Rocket"（火箭）以及一大堆数字，所以结果并不完美。但是至少这个数据域已经远远不像刚开始的时候那么"脏"了。

但是这又如何呢？这些辛苦值得吗？这一番整理对我们的分析结果有影响吗？如图 3-10 所示，让我们做一下前后对比分析，看看被拖走数量最多的前几大汽车品牌都有哪些。

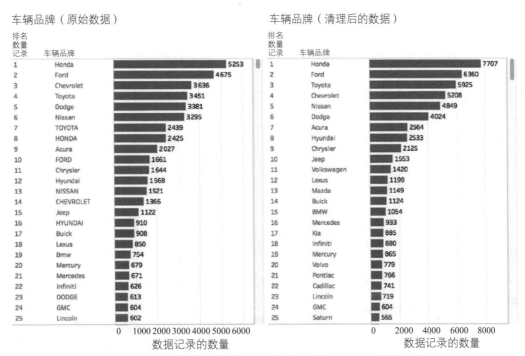

图 3-10　数据清理前后的对比：车辆品牌在清理前后出现频率的分析

可以看到，排名前两位的品牌是 Honda（本田）和 Ford（福特），在数据清理前后依然保持在同样的位置，但是分别增加了 2454 次（增幅 46%）和 1685 次（增幅 36%）。尽管它们的排名没变，但是被拖走次数的数值却有了显著的变化。

在排名列表中，也有不少品牌的位置改变了：Toyota（丰田）从第 4 名上升到了第 3 名；Chevrolet（雪佛兰）从第 3 名下降到了第 4 名；两个品牌的次数也都增加了数千次。值得注意的是，Jeep（吉普）从第 15 名升至第 10 名，而 Volkswagen（大众汽车）原本都不在前 25 之列，在我们进行聚类、合并和清洗工作后，一跃升到了第 11 名。

的确，清洗脏数据集让我们的分析结果有了实质性的改变。如果没有进行数据清洗，我们会对被拖走次数最多的汽车品牌以及这段时间内报给巴尔的摩市交管部门关于这些品牌被拖走的具体频率情况产生严重的错误认知。

所以，清洗数据，至少清洗到我们所做的程度，还是有意义的。

▍我们如何得知数据是否已经清洗得足够干净了

不过，数据要清洗到什么程度才算足够干净了呢？数据集就像厨房的台面一样，总是可以更干净一些的。但是在准备数据的过程中，我们总会碰到边际收益开始减少的那个点，使得再做额外的脏活儿累活儿变得不值得了。

那么边际收益递减的那一点在哪里呢？我们要怎样才能知道已经到达那一点了呢？当然，这取决于那些会使用我们数据分析结果的决策与任务是不是十分敏感和至关重要。我们要在火星上降落一辆探测车吗？如果是这样的话，那肯定马虎不得。不过，如果我们并不需要那样高的精准度呢？

让我们继续使用巴尔的摩市的拖车数据作为例子，考虑一个虚构的情景。假如你是文斯，开了间名为"文斯汽车钣金与喷漆"（Vince's Auto Body & Paint）的店铺，而这间店铺恰巧开在数据集中的两个拖车场之一的旁边。你发现，车主们在从拖车场取回汽车后，会到你的店里重新给车喷漆。你在考虑做一些促销活动来吸引更多这样的顾客，与此同时，你需要确保店中的不同颜色喷漆的库存都是足够的。

你下载了数据，并查看了其中不同车辆颜色的细分情况。统计的结果如图 3–11 所示。

现在，你大概建立了对汽车主要颜色的概念，但是对汽车颜色的了解程度足够为你的采购员提供关于购买量的信息了吗？我们应该如何总结目前已经掌握的材料呢？

- 数据中记录的车辆，有 70.1% 是 17 种主要颜色中的一种：黑色、银色、白色、蓝色，等等。
- 28.5% 的记录没有任何颜色信息——数据域是空白的，或者包含空值。

车辆颜色——所有拖车场

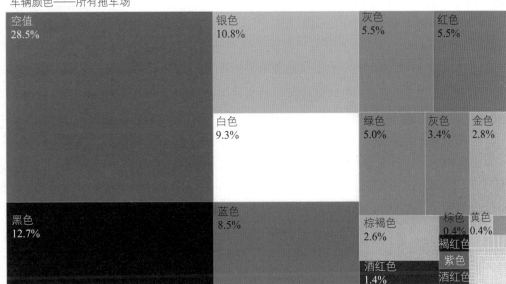

图 3-11　基于两个拖车场数据记录的车辆颜色树状图

- 最后 1.4% 的数据中，"车辆颜色"数据域里填写了 360 个不同的值。
  - ◆ 快速查看一遍可以发现，这 1.4% 的数据既包括不太常见的颜色（比如米色和深蓝色），也包括常见颜色的不同写法，比如说黑色（Black）被写成了小写字母开头的"black"，或者还有诸如"Greeen"和"Clack"这样的拼写错误[1]。

　　那么你该怎么办呢？数据确实是"脏"的，但真的有那么"脏"吗？你应该把时间都花在清洗数据上吗？确实，有一些操作是相对容易的。将"Gray"和"Grey"[2] 以及"Burgandy"和"Burgundy"[3] 分别合并起来应该是有用的，不太费时间，并且还会影响你订购喷漆的数量。毕竟数量最多的 17 种颜色，其实只有 15 种颜色。这一步并不难，就

---

① "Greeen"应为绿色（Green）的错误拼写，"Clack"应为黑色（Black）的错误拼写。——译者注

② 这两个单词分别是"灰色"的美式和英式拼写。——译者注

③ 前者是后者的错误拼写。"burgundy"是指酒红色。——译者注

像是把厨房台面上明显的咖啡污迹擦掉一样简单。

接下来一个比较大的问题就是如何处理数据域中大量的空值。你有不止一个选择。你可以直接把空值都过滤掉，然后只处理余下的那些。这样就等同于假设说，对于空值的数据组而言，其颜色的分布与那些非空数据是完全相同的。考虑到你所需要的精准度并不是太高，这可能算不上是一个糟糕的假设。

但是，经过一点额外的研究，你会发现自己非常幸运：几乎所有的空值（17 491 个空值中的 17 123 个）都来自城市另一侧的一家拖车场。在你店铺旁边拖车场的工作人员在记录车辆颜色这件事上要更加勤勉——在 44 193 条数据中，只有 368 条是空值。所以空值对你来说并不是一个太大的问题。这一次你幸运地获得了一张"逃脱脏数据监狱"的卡片。

图 3-12 展示了你的目标客户车辆颜色的分布情况。

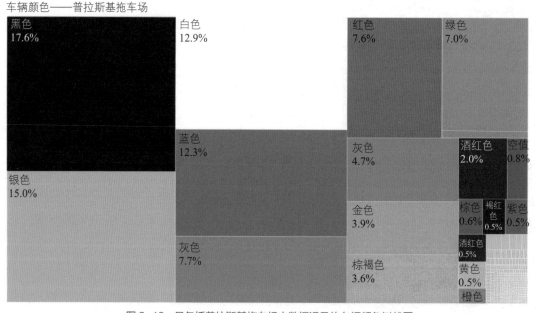

图 3-12 只包括普拉斯基拖车场中数据记录的车辆颜色树状图

在全部数据中，空值仅占 0.8%，而"其他"类型的颜色仅占 1.9%。如果"其他"真的是一种颜色的话，那么它会在最常见颜色中排名第 11 位，连前 10 都排不进。换句话说，只要数据记录的质量有保障，而且未来的颜色分布和过去基本一致，有 97.3% 的潜在需求都已尽在你的掌握。这足够好了，不是吗？

现在，让我们暂停一下。其实在前 15 种颜色中，仍然有些颜色使用了不同的拼写方式，而且整个数据集依然是区分大小写的。我们需要修正这一点，而这应该很容易做到。

如图 3-13 所示，让我们在 Tableau 中写一段快速的计算式，来完成以下操作。

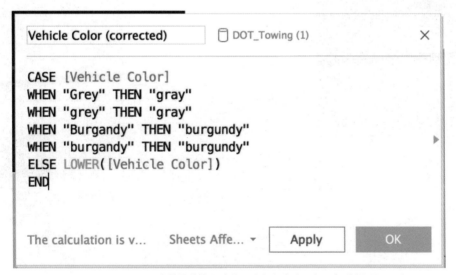

图 3-13　用 Tableau 中的计算字段来修正车辆颜色中几处已知的拼写不一致

- 把"Grey"和"grey"都转化成"gray"。[①]

---

① 前面两个单词都是"灰色"的英式拼写，这里将它们都转化为小写的美式拼写。——译者注

- 把 "Burgandy" 和 "burgandy" 都转化成 "burgundy"。[①]
- 把所有的文本值都转化为小写 [例如，合并 "Blue" 和 "blue"（蓝色）以及 "Red" 和 "red"（红色）等]。

当我们创建了这个全新的修正后的 "车辆颜色" 数据域，我们就可以更新树状图，并过滤掉空值和不包含在前 15 种颜色中的所有数据记录。图 3-14 就是我们最终的输出结果，我们可以把它发送给采购员，以便在促销活动前协调好库存，并给我们的喷漆供应商下订单。

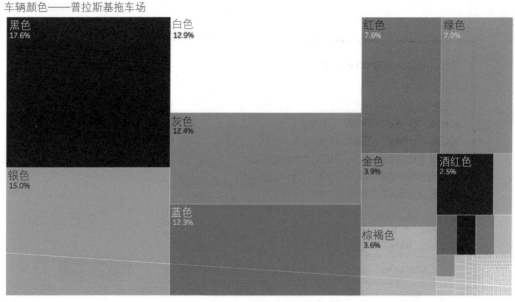

图 3-14　普拉斯基拖车场中已知的、不为空值的车辆颜色树状图

以上步骤，大致在 "相对简单高效的数据清洗" 和 "完成更具可信度的分析" 之间达成了一个良好的平衡。回想一下我们最初的分析可以得到如下的偏颇结论：

[①] 前面两个单词都是 "酒红色" 的错误拼写，这里将它们都转化为小写的正确拼写。——译者注

- 问：在数据集所涉及的时间段内，所有记录在案的被拖走的车辆中，有多少百分比的颜色是灰色（Gray）的？
- 答：5.5%。

如果我们采用了以上结论，那么我们就会少订购很多灰色的喷漆，而它实际占据了我们旁边拖车场所有被记录的车辆颜色的 1/8。如图 3-15 所示，我们还可以用 Tableau Prep 再处理一遍数据，用发音算法来识别一些更加少见的车辆颜色拼写错误。

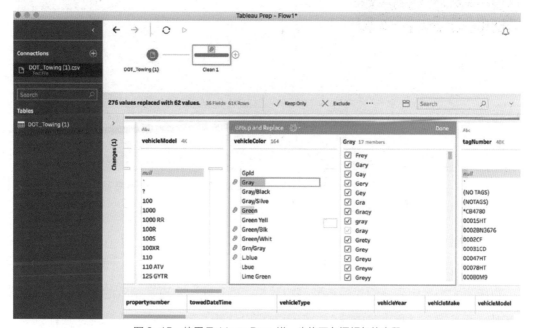

图 3-15　使用 Tableau Prep 进一步修正车辆颜色的字段

我们看到，gray（灰色）的错误拼写倒不至于有 50 种那么多，其实只有 17 种，比如 "Greyu" "Grety" "Greyw" "Greyy" "Frey" 以及我们的好朋友 "Gary"（这是一个常见的英文名）。得益于神奇的算法和软件，发现这些拼写错误并不难，但是通过这样一步更加严谨的数据清洗后，会使我们的分析结果有更实质性的改变吗？如图 3-16 所示，这是我们在使用 Tableau Prep 对颜色名称进行第二次清洗后得到的新的树状图。

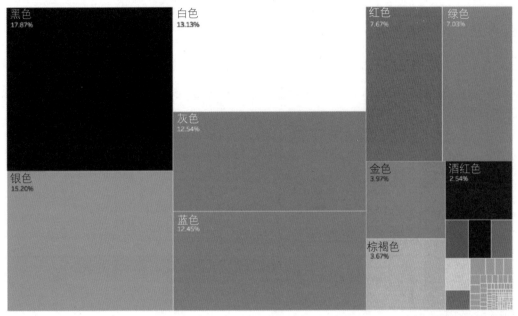

图 3-16　使用 Tableau Prep 进行第二次数据清洗后得到的新的树状图

我们在这张图的百分比中显示了小数点后的两位数字，以进一步查看变化，但看起来比例并没有显著地改变。灰色（Gray）的比例从 12.4% 上升到 12.54%。这个变动并不大，可能不太会影响到我们对喷漆的订购数量。进行这一步更加细致的数据清洗肯定没有坏处，而且这个过程也足够简单，但假如我们只做了第一次的粗略清洗，估计也是没有问题的。

但我们怎样才能提前知道第二次清洗是否有用呢？其中的关键是要考虑"其他"这一类中隐藏在暗处的"脏"数值——那些位于帕累托图末尾的数值。在这个例子中，脏数据指的是占据"车辆颜色"数据域末端 1.9% 的 360 个数值。对于我们要完成的任务而言，这组数值是否庞大到需要我们去仔细钻研，还是说假如它们都神奇地代表同一个数值，对我们来说也是无所谓的？就像对生活中每件事的评判一样，有些糟糕透顶，有些完美无瑕，而更多会是在这两个极端中间的某一点，这些事情已经"足够好"。

陷阱 2B：糟糕的混合和连接

就像我们已经看到的那样，处理一个脏数据集已经很有挑战性了，而同时分析多个数据集，则可能会更令人头痛。无论我们是用 SQL 进行数据连接，用 Tableau 或 Power BI 等分析工具合并、增补数据，还是在 Excel 中调用我们的老朋友 VLOOKUP 函数，我们都有可能遭遇变幻莫测的陷阱。让我们举例来看看都会发生些什么。

假如你是艾莉森，在一家消费产品公司担任市场营销总监。为了把公司的产品定位为该类别在全球的领航者，你打算进一步开发你们的网站。你想了解在 2016 年网站访问流量的来源情况，于是你用谷歌分析（Google Analytics）绘制了一份关于网站访问量的地图。

这样一张地图还是很有帮助的，你可以从中看到，网站的主要流量来自美国、印度、英国、加拿大和澳大利亚。但是你想了解得更深入一些，你想将 2016 年的网站访问量与 2016 年各个国家或地区的人口做比较。有没有哪个国家或地区的网站访问量，相较于其人口数量，是非常高的？或者有没有哪个国家或地区的人口虽然多，但是网站访问量却没有那么高？

为了完成进一步的分析，你需要引入另一个数据集，该数据集需要提供各个国家或地区的人口数量。你找到了世界银行的一个网页，上面提供了 2016 年各个国家或地区的人口数据，并可以下载为 Excel 文件或 CSV 格式文件；另外，你还看到了维基百科的一个页面，上面列出了联合国预测的所有主权国家与所属领地的人口数据。这两份数据，有一份是可以用的吗？

你决定分别考虑两份数据表。首先，你用来绘制地图的谷歌分析数据中包含 180 个不同值。相比之下，世界银行提供的 Excel 文件中包含 228 个不同值。你可以看出，世界银行的数据表之所以更大，一部分是因为其中还有一些将国家或地区组合起来的数据，比如"全世界""北美国家""高收入国家"等。所以其中有些行根本不是某一单个国家或地区的数据。另一方面，维基百科的数据表中也包括一些国家的领地，如关岛（隶属于美国），所以一共有 234 个不同值，这也是三份数据源中最大的，如图 3-17 所示。

数据集		
数据集的数量		
3 ⏷		

各部分的细节		
数据集 1	数据集 2	数据集 3
谷歌分析	世界银行	维基百科
180	228	234

图 3-17 三个不同的数据集中各个国家或地区总数量的概览

所以，在这三个不同的数据源中，国家或地区的名字一定不是一一对应的。快速查看每份数据表中不同独立数值的总数，可以帮助你大概了解数据的情况，但是并不能告诉你全部。你决定把谷歌分析的数据表与另外两者分别匹配，来看看能不能得到完整的分析结果。

首先，在比较了谷歌分析数据与世界银行的人口数据之后，你发现在世界银行的国家或地区数据域中，有 82 个字符串不包含在谷歌分析的国家或地区名单中。但是，因为前者包含一些组合的数据，并且谷歌分析才是网站流量的主要数据源，你对此并不担心。真正让你担心的是出现在谷歌分析中却不在世界银行数据中的 34 个国家或地区。

谷歌分析中有 34 个未匹配的名称，两份数据共有 146 个名称相同，而世界银行的数据中有 82 个未匹配的名称。其中，"St. Kitts & Nevis"（圣基茨和尼维斯）在世界银行的数据中被写成"St. Kitts and Nevis"；"Bahamas"（巴哈马）在世界银行的数据中被写成

"Bahamas, The."；"U.S. Virgin Islands"（美属维尔京群岛）在世界银行的数据中被写成
"Virgin Islands（U.S.）"。

国家或地区名称字符串中的不匹配、缺失值和微小差异，都可能会造成在分析中相
关数据行的丢失。为什么呢？

假如你用 SQL 对国家或地区名称数据域做内连接，也就是说，你只保留两份数据中
共同的国家或地区名称，那么上述 34 个国家或地区就不会被保留在最终的数据表格中。
即使你使用左外连接，或者用 Excel 的 VLOOKUP 函数，也就是说，你既保留那些共同
的国家或地区名称，也保留谷歌分析中独有的 34 个国家或地区，这 34 个国家或地区对
应的人口数据也会是空值，因为在世界银行的数据中，没有与之完全一致的数据行。

这样有什么问题吗？还要视情况而定。我们来统计一下每个国家或地区每千人的网
页访问量，如图 3-18 所示。左边使用了世界银行的原始数据；右边使用了清洗过后的数
据——国家或地区的名称都与谷歌分析进行了匹配。

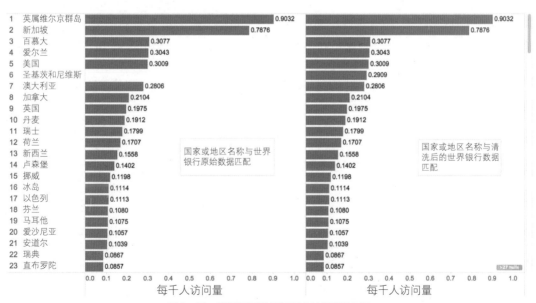

图 3-18　数据清理前后每千人访问量的对比

数据清洗前后的结果有差别吗？如果你没有考虑国家或地区名称数据域中的不匹配问题，那么每千人访问量排名前 25 位的国家或地区中，有 3 个就不会被包含在你的分析中。

接下来，你对谷歌分析和维基百科的数据做类似的比较。你会发现，谷歌分析中有 16 个未匹配的国家或地区名称，二者共有 164 个共同的名称，而维基百科有 70 个未匹配的名称。

最后，仅仅是为了好玩，你把三个数据集都做了对比，发现一共有 145 个国家或地区的名称是这三个数据表中都出现的。

所以，你最终决定，维基百科的数据表更加适合你的谷歌分析数据集，因为两者之间有更多共同的数据行，而你只需要调整 16 个值，就可以让它们完美匹配。这样并不错，你只需要在从维基百科页面上下载的数据中查询并替换这 16 个值，就可以开始进行分析了。

截至目前，这项工作进行得很成功。由于艾莉森考虑到了不同数据集之间存在的重合与不匹配，她在合并两个数据集并进行后续计算和分析的过程中，避免了常见的陷阱。

这些都是技术上的细节吗？确实如此。但这也正是我们称其为"技术陷阱"的原因。

第 4 章

AVOIDING DATA PITFALLS

陷阱 3：
数学失误

How to Steer Clear of Common Blunders
When Working with Data
and Presenting Analysis
and Visualizations

举棋不定永远成不了英雄。

约翰·亨利·纽曼（John Henry Newman）

我们如何对数据进行计算

有英雄就有替罪羊。正如本章开始的引语所述，举棋不定可能"永远不会造就英雄"——这种情况多用于在极容易失败的情况下仍采取了勇敢行为的男男女女，但不能正确进行计算肯定造就了不止一个替罪羊。

这类臭名昭著的例子比比皆是，例如，1999 年 9 月 23 日火星气候探测者号的解体，其原因是轨道问题使得探测器距离火星过近，大气压力过高，从而导致了探测器的瓦解碎裂。那轨道错误的根本原因是什么呢？洛克希德·马丁公司提供的飞行系统软件在计算推进器点火脉冲时使用了非国际单位制的磅力秒（pound-force seconds）为单位，而美国航空航天局提供的第二套软件在读取该结果时，根据规范使用的是公制单位牛顿秒（Newton seconds）。而 1 磅力等于 4.45 牛顿，因此计算的偏差相当大。

这些案例提醒我们，人类确实会犯错，我们一不小心就会把数字弄错了。这也是我们经常会遇到的一个陷阱。

每当我们应用数学方法对数据进行处理时，都会涉及运算。其中一些基本的示例包括：

- 把变量按不同量级进行汇总，例如时间段——每周、每月或每年某个变量的数量总和；

- 将同一数据中的数字与其他数字相除，得出比率或比例；

- 使用占比或百分比；

- 从一种计量单位转换为另一种计量单位。

如果你觉得这些基本的计算类型是如此简单，可以确保它们不会出现错误，那你就错了。我曾多次陷入这些数据陷阱，而我也曾看到其他人一次又一次地陷入其中。我相信你肯定也遇见过。在之后的章节中，我们将会讨论更多的高级运算。那现在让我们先从基础开始，一步一步来。

陷阱 3A：多重汇总

当我们对具有共同属性的记录进行分组时，我们会对数据进行汇总。在生活中有各种各样这类的分组。有时，数据中的分组会形成层级结构，如下所示：

- 时间：小时、天、周、月、年；

- 地理位置：城市、县、州、国家 / 地区；

- 组织：员工、团队、部门、公司；

- 体育：球队、赛区、联盟、联赛[1]；

---

[1] 以美国职业篮球联赛（NBA）为例。NBA 联赛（league）包括东部和西部两个联盟（conference），每个联盟包括三个赛区（division），每个赛区包括五支球队（team）。——译者注

● 产品：库存单位（SKU）、产品类型、类别、品牌。

无论我们是要报告各个级别的销售情况，还是要为大选进行计票，这些汇总计算对我们的成功来说都至关重要。让我们一起来看一个航空界的例子。

美国联邦航空管理局让飞行员自行报告其飞机在起飞、巡航、进场或着陆期间与野生动物撞击的情况。从飞行员、乘客，尤其是从可怜的小动物的角度来看，我知道这是令人毛骨悚然而且非常可怕的。他们还向公众提供了这些数据，因此，我们可以了解到相关的情况。

让我们假设从这些记录中获取了特定的摘录，而我们想要了解野生动物撞击记录次数是如何随时间变化的。如图 4-1 所示，我们绘制了按年份排序的撞击记录次数的时间轴。

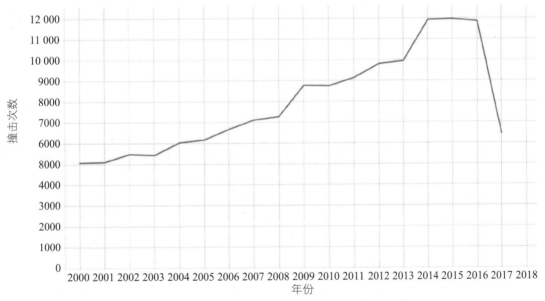

图 4-1　按年份排序被报告的野生动物被航空器撞击的次数

从这个时间轴中，我们可以看到摘录中的记录可以追溯到 2000 年。该图似乎表明撞击记录次数呈上升趋势，而最近一年（2017 年）的数据则急剧下降。为什么撞击次数突然出现了 10 年都不曾见到的下降？全美的机场是不是实施了一些有效的新技术？还是说有鸟类和动物出现了向南的大规模迁移？抑或是负责管理数据的 FAA 员工罢工了？

当你得知我们查看的摘录中只包含 2017 年的部分数据时，答案就显而易见了。如果将粒度级别提高到月或周，我们可以看到，数据只更新到 2017 年年中，如图 4-2 所示。

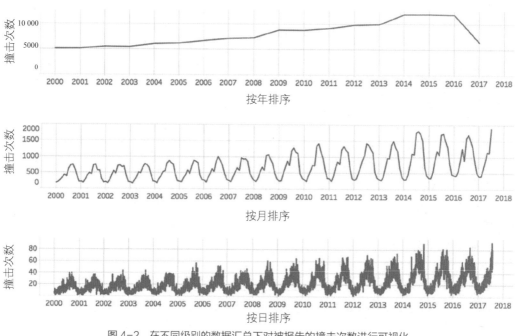

图 4-2　在不同级别的数据汇总下对被报告的撞击次数进行可视化

准确来说，我们的数据集中最近一条野生动物撞击的记录发生在 2017 年 7 月 31 日晚上 11:55:00，而摘录中最早的野生动物撞击记录发生在 2000 年 1 月 1 日的上午 9:43:00。这是根据报告的碰撞日期得到的数据范围，它为我们提供了一个重要提示，来帮助我们避免陷入误将数据在不同量级上的汇总与实际趋势相混淆的常见陷阱：**探索数据的轮廓，以熟悉数据源中所有度量的最小值和最大值及其范围**。

如果允许我简要介绍一下的话，我必须感谢我的朋友迈克尔·米克森（Michael Mixon）向我介绍了"探索数据的轮廓"（explore the contours of your data）一词。他在几年前的一次讨论中提到了这个词，而从那之后，这个词就戳中了我，因为它解释得恰如其分。它提醒我在得出任何从数据推导出来的结论前，先确保我在预先确定我所分析的数据的边界上花了些时间，例如，数据集中每个定量度量的最小值和最大值。

我想这与进入一个未知的岛屿无异，就像 700 年前波利尼西亚人首次发现新西兰并定居在此成为毛利人一样，或者像探险家詹姆斯·库克（James Cook）那样，在 1769 年末至 1770 年初，成为第一个完成对毛利人的故乡双岛①环绕航行的欧洲人。

有趣的是，库克实际上并不是第一个发现新西兰的欧洲人。在 1642 年，也就是在他之前的一个多世纪，荷兰航海家亚伯·塔斯曼（Abel Tasman）乘着泽恩号（Zeehaen）来到了这里，但他没有像库克那样充分地环绕航行或是探索海岸线。这就是为什么库克的探险队正确地将新西兰北岛和南岛之间的区域定义为可以通航的海峡，而不是荷兰人误认为的海湾，即一个不能通行的海岸线弯道或曲线。这也是为什么新西兰北岛和南岛之间的区域被称为库克海峡，而不是塔斯曼最初命名的泽恩海湾。对于我们来说，这是一个非常好的实例教训，因为它展示了当我们没有彻底探索轮廓时，就会误入歧途并得到关于地形的错误结论，而运用数据与导航也是一样的。

好了，谢谢你让我完成这段简短的题外话——让我们回到野生动物撞击的数据集。现在看来，有人把非全年当成全年来处理似乎有点可笑，尤其是当数据出现明显下降时。大多数人会立刻发现这一点，不是吗？那你可能会惊掉下巴。每当我在数据可视化课程

---

① 库克船长创下首次有欧洲船只环绕新西兰航行的纪录。——译者注

中向学生呈现这个时间轴，并询问他们要如何解释 2017 年报告的撞击数出现急剧下降时，即便我很小心地在问题中使用了"报告的"（Reported）一词，他们依然能够提出很多有趣的理论。这与我们在前几章中谈到的数据与现实的差距有很大关系。在这个例子中，我们做出了错误的假设，认为"2017"的数据点包含了 2017 年全年的数据。

不过有时候，当我们以特定角度进行分析时，可能不太会意识到自己正在查看一个或多个级别上的局部汇总数据。假如我们想探索野生动物撞击数据的季节属性，例如，撞击是在冬季还是夏季时发生得最频繁？如果我们没有先探索数据轮廓就开始寻找这个问题的答案，那么我们将会以整个数据集中每月撞击报告的总数为视角来开始进行分析。图 4-3 显示了我们通过功能强大的分析及可视化软件轻松快捷创建的内容。

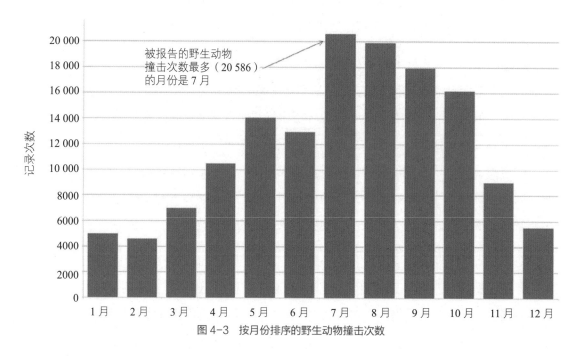

图 4-3　按月份排序的野生动物撞击次数

我们的第一个观察结果可能是，被报告的野生动物撞击次数最多的月份是 7 月。撞击次数在 1 月、2 月和 12 月的冬季最低，然后在春季逐渐增加，从 5 月到 6 月略有下降，然后飙升至 7 月的高峰。在这个峰值之后，次数逐月稳步下降。

　　那么，在先前探索数据轮廓时，我们已经知道记录截止到 2017 年 7 月 31 日，因此条形图中的 1 月到 7 月比 8 月到 12 月要多出一个月的数据。如果我们在每月的条形图上添加年度片段——也就是每年的数据对应一个片段，并且只把 2017 年的片段涂成红色，我们就会发现，在这种方式下对每个月的比较并不是严格意义上基于同一基准的比较。如图 4-4 所示，1 月、2 月、3 月、4 月、5 月、6 月和 7 月都包含来自 18 个不同年份的数据，而其余月份只包含 17 个不同年份的数据，因为 2017 年是我们特定数据集中只包括部分数据的年份。如果我们从数据集中完全过滤掉 2017 年的数据，那么条形上方的红色部分就会被去除，而每月的条形中都会包含年数完全相同的数据。如果这样做，我们很快就会发现，7 月其实并不是野生动物撞击次数被报告最多的月份，如图 4-5 所示。

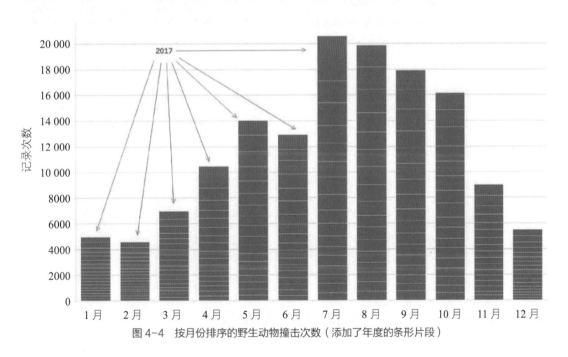

图 4-4　按月份排序的野生动物撞击次数（添加了年度的条形片段）

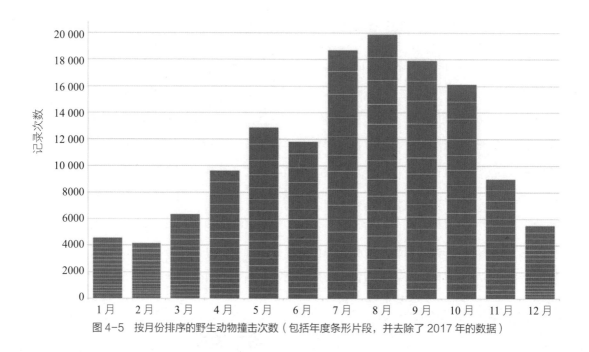

图 4-5　按月份排序的野生动物撞击次数（包括年度条形片段，并去除了 2017 年的数据）

当我们调整数据范围使得各个月份之间的比较更接近基于同一基准的比较时就会发现，撞击总次数最高的月份是 8 月而并非 7 月。我们还会发现，被报告的撞击次数从 7 月到 8 月有所增加，然后逐月稳步下降，直至年底。

如果我们只进行快速粗略的分析而认为 7 月是数据的高峰，那就会像亚伯·塔斯曼一样认为海岸线肯定是封闭的无法穿行，而从库克海峡驾船离开。想想看，我们有多少次忽略了正在处理的数据集的边界，因此弄错了数据的基本事实？

陷阱 3B：缺失值

在汇总数据并比较各个类别时，经常会出现另一个问题。我们刚才也看到了，一不小心，数据边界之外的怪异现象就会让我们得到混乱的结果，但有时数据内部也会出现一些与极值无关的特性。为了说明这一陷阱，让我们进入一个令我们相当困扰的领域。

有一天，我心血来潮想要对美国作家及诗人埃德加·艾伦·坡（Edgar Allan Poe）的所有作品进行可视化。那天恰好是 10 月 7 日，是他时年 40 岁在巴尔的摩神秘死亡的纪念日。当我坐在这里撰写本章时，我也 40 岁了，但我仍记得自己在初中和高中阶段读过他许多阴暗冷漠的作品。谁能忘记《乌鸦》（*The Raven*）、《泄密的心》（*The Tell-Tale Heart*）和《阿芒提拉多的酒》（*The Cask of Amontillado*）这样的作品呢？

但我想知道他是个一辈子多产到什么程度的作家。我不知道他总共写作或出版过多少作品，他在什么年龄开始和停止，以及在那段时间，他是否曾遭受因思维枯竭而没有产出的阶段。

幸运的是，我偶然在维基百科上发现了包含他所有已知作品的完整目录表格，表格按照不同的文学类型来分类，并按照写作日期进行了排序。总共约有 150 部作品，其中几部颇有争议。这个数量绝对比我读过的要多，而且也远远超过了我期待发现的他的作品数量——我之前猜测最多只有几十部。

维基百科上的表格有时会提供特定作品的完整日期，有时仅列出年份和月份，而其他时候仅列出年份。如果我们稍微整理一下这些表格，并创建一个由年份和作品数量为坐标轴的时间轴，就将看到如图 4-6 所示的内容。

我们立刻可以看到，他从 1824 年开始写作，那时他 15 岁，之后他一直坚持写作，直到 1849 年，也就是他去世的那一年。他最高产的年份看起来应该是 1845 年，至少就不同作品的写作数量来说，他在那一年共创作了 13 部作品。那现在，让我们思考一下：在他的职业生涯中，哪一年创作的作品数量最少呢？

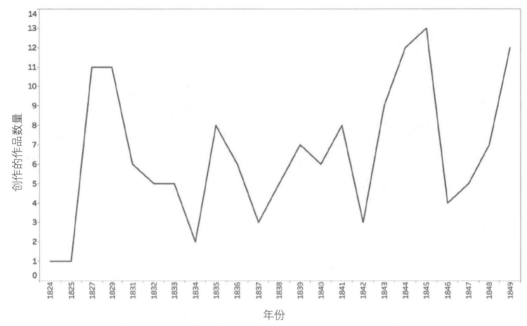

图 4-6　按发布年份排序的埃德加·艾伦·坡全部作品的时间轴

　　如果你跟我一样，你会立刻寻找时间轴上的最低点——即 1824 年和 1825 年数值为 1 的点。在这两年中，艾伦·坡都分别只写了一部文学作品。我们需要让他松口气，毕竟那会儿他还未成年。所以，我们最后的答案是：在 1824 和 1825 年，他所创作的文学作品数量是最少的。

　　当然，相信现在你已经能猜出：我在本书中给出的问题的第一个答案基本上总是错的，而这个案例中也是如此。那并不是他产出作品最少的年份。如果你发现自己掉入了陷阱，不要难过；许多读者都和你一样，而我也是如此。与往常一样，其中的关键在于要更加仔细地观察，就像夏洛克·福尔摩斯（Sherlock Holmes）正在检查犯罪现场那样。

　　年份依照横轴逐渐延伸，但如果你检查这些数值时就会发现，在这个系列中，有些年份是缺失的。x 轴上没有 1826 年、1828 年和 1830 年的值。艾伦·坡显然没有在这些年份中发布任何作品。但麻烦的是，由于这些年份被视为定性序列数值而不是定量数值（这是我用来画图的 Tableau Desktop 软件包的默认设置），所以很难注意到时间轴中缺少了这些年份。哪怕在这些年份附近的斜率都是偏态的。

我们也许会被诱惑从而把水平轴上的离散变量转换成连续变量，而这种做法实际上会让情况变得更糟糕，看起来就像艾伦·坡在 1826 年创作了 6 部作品，在 1828 年创作了 11 部作品，然后在 1830 年创作了 8.5 部作品，如图 4-7 所示。

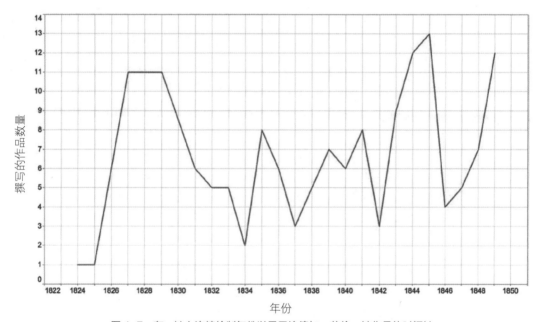

图 4-7　在 x 轴上连续绘制年份以显示埃德加·艾伦·坡作品的时间轴

在这次迭代中，x 轴不会像第一幅图那样跳过任何值，但这些线仍然是逐点绘制的，并没有让数值中间的缺口具有适当的意义。在这个视图中，我们对于他毫无产出的三年完全无从知晓。如果这是我们能够看到并向观众展示的全部内容，那么我们其实并不了解他的实际创作情况。

为了清楚地看到这些缺失的年份，即创作作品数量为零的年份，我们需要在水平轴上切回至离散的年份（再次创建年份的标题或"组别"来取代前一迭代版本中的连续坐标轴），并让软件在默认位置"0"那里显示缺失值。这种做法能为我们提供更加准确的视图，如图4-8所示。

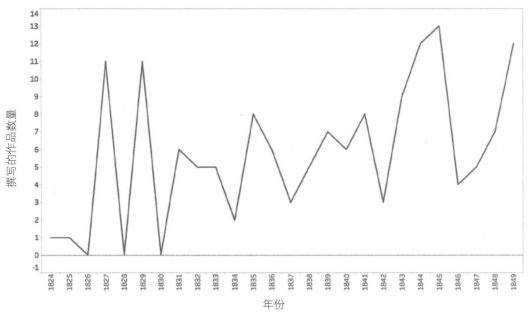

图4-8　显示埃德加·艾伦·坡作品的时间轴（缺失的年份用默认值0来表示）

我们还可以选择将数据画成一连串的列，而非连续的线。如图4-9所示，我们可以为每个作品创建一个方格以便更好地理解列的高度，这样就不用要求读者去参考 *y* 轴了。

现在我要强调一点，我并没有为了让你感到困惑而竭尽全力去篡改前两种误导性视图并撰写一本关于它的书，那完全不是这本书的重点和目的。艾伦·坡的作品的两个误导性视图来自软件在默认情况下对数据的绘制，而这才是我想提醒你需要注意的问题。

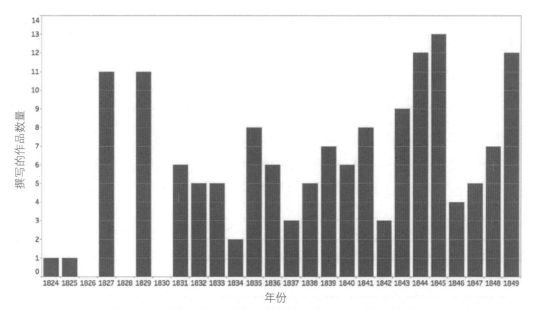

图 4-9　埃德加·艾伦·坡的作品被描画为列（显示了缺失的年份）

从本质上来说，这不是某个软件的问题。这是一个关于我们要如何决定来对缺失值进行处理的问题。在不同情况下，我们将采用不同的方式来处理这个问题。例如，如果我们查看选举的数据统计或者夏季奥运会的数据时，我们是否想要让时间轴在一整年没有数据时降到零？不，因为我们知道这些事件只会在每两年或四年才发生一次。在这种情况下，默认设置有可能运行正常。

在我们数据集中的缺失值是危险的潜伏者，它们等待着把我们绊倒，但还有另一种类型的问题需要引起注意。

陷阱 3C：汇总数

这一类陷阱与我有着特殊的关系，因为我其实是在试图提醒他人注意这个陷阱时陷入其中的。你必须要学会在这类事上自嘲。就在去年，我在南加州大学给专注于健康数据领域的记者做了一场培训课程。我向他们提到了我正在撰写这本书的这一章，并且在演讲和研讨会期间，我都提醒他们要注意各种陷阱。

在进行培训时，我希望尽可能使用有趣且与受众相关的数据。这是个费劲的事，因为这意味着我将向他们展示他们所熟悉领域的数据，而与此同时，我自己却不甚了解。但这样其实让事情变得更有趣，因为我可以成为学习者，并向他们询问关于该领域的问题，而他们也可以从我这里学习如何处理数据。

对这个研讨会来说，鉴于它在我的家乡加利福尼亚州召开，因此在会上我选择对传染病情况进行可视化，按照县、年份和性别对 2001 年至 2015 年加利福尼亚州居民感染传染病的数量进行排序，其中的数据由加利福尼亚州公共卫生部的传染病中心提供。关于如何处理那些脏数据，我讲了个非常冷的笑话，而接下来我们开始深入研究。

我们对数据提出的第一个问题很简单：在这段时间中，加利福尼亚州居民被报告感染了传染病的数量是多少？通过计算数据集中记录的总数，我们得到的答案是15 002 836，如图 4–10 所示。

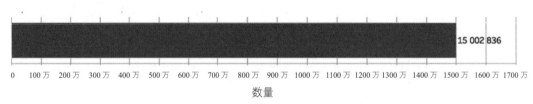

图 4-10　2001—2015 年加利福尼亚州居民被报告的传染病数量

但我必须承认，这完全是一个圈套。我事先看过数据，并且知道文件罗列的方式有些奇怪。表格中每个县、年份及疾病的组合都有三行：一行用于男性居民，一行用于女性居民，另一行用于全部居民，也就是男性加女性。图 4–11 所示的是数据集前 10 行的快照。

序号	疾病	县	年份	性别	数量	人口	比率	置信区间下限	置信区间上限	不稳定
1	阿米巴病	加利福尼亚	2001	女性	176	17 339 700	1.015	0.871	1.177	
2	阿米巴病	加利福尼亚	2001	男性	365	17 173 042	2.125	1.913	2.355	
3	阿米巴病	加利福尼亚	2001	总计	541	34 512 742	1.568	1.438	1.705	
4	阿米巴病	加利福尼亚	2002	女性	145	17 554 666	0.826	0.697	0.972	
5	阿米巴病	加利福尼亚	2002	男性	279	17 383 624	1.605	1.422	1.805	
6	阿米巴病	加利福尼亚	2002	总计	424	34 938 290	1.214	1.101	1.335	
7	阿米巴病	加利福尼亚	2003	女性	127	17 782 868	0.714	0.595	0.85	
8	阿米巴病	加利福尼亚	2003	男性	261	17 606 060	1.482	1.308	1.674	
9	阿米巴病	加利福尼亚	2003	总计	388	35 388 928	1.096	0.99	1.211	
10	阿米巴病	加利福尼亚	2004	女性	101	17 968 347	0.562	0.458	0.683	

图 4-11　数据集的前 10 行

这意味着对数量这一列使用简单的 SUM 函数得出的总计将导致每个病例都被计算了两次。加利福尼亚州男性居民感染疾病的每宗病例均被计数了两次，一次是在性别为"男性"的这一行，而另一次是在性别为"总计"的这一行。这个计算的方式对女性来说也是如此。

所以我接着问他们关于加利福尼亚州报告的传染病情况，他们还有没有什么其他想知道的？一位刚刚崭露头角的数据记者举起了手，就像提前埋下伏笔一样问道："是男性患者更多还是女性患者？"

我露出了像绿毛怪格林奇一般的笑容，并明确表示我认为这个问题很棒，然后我提示他们通过给条形图的颜色编码中添加性别来寻找答案，如图 4-12 所示。

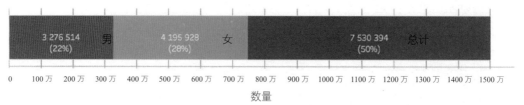

图 4-12　2001—2015 年加利福尼亚州居民被报告的传染病数量（添加颜色编码）

当困惑的学生看着条形图时，房间里一片沉寂，而我用一种很不令人信服的方式，假装对结果非常震惊。

我们做了什么？性别属性中有一个名为"总计"的值，占据了报告疾病总数的 50%。这意味着我们在进行重复的计算，是不是？2001—2015 年加利福尼亚州报告的传染病病例数量并不是 1500 万例，而是只有一半，大约 750 万例。而我们的第一个答案就差了 2 倍！我跟你们说过，我们会陷入陷阱。这个陷阱被称为"总计的入侵"（Trespassing Totals），因为数据中存在的"总计"这一行会导致各种关于汇总的问题。

我的肥皂箱演讲[①] 结束了，学生们认为自己得到了应有的警示，讲师认为自己很聪明。我们也继续对同一数据集进行分析。

在数据发现之路的不远处，我们开始探索按县排序的传染病数量。自然而然地，我们创建了一个地图。这时，有一位学员问道："嘿，本，地图右下角的'1 个未知值'（1 unknown）标识是什么意思？"

我刚开始没有注意到，于是我点击了它，而看到的东西让我停顿了几秒，接着捧腹大笑。每个疾病和年份的组合对各个县来说都对应着其中一行，但其中有一行是"加利福尼亚县"，如图 4–13 所示。

---

① 肥皂箱演讲（Soapbox Speech）来源于英美文化，延伸意为"即兴演说平台"。——译者注

图 4-13　按县排序的加利福尼亚州居民被报告的传染病数量

　　这好笑在哪里呢？是这样的，纽约州有一个纽约县[①]，但加利福尼亚州是绝对没有加利福尼亚县的。我只能猜想，创建及发布该数据集的人想要为每种疾病和年份的组合添加一行，来提供所有县汇总到一起的报告病例数量，而他们使用了州名来代表"所有县"。

　　我要承认这件事本身并不有趣，但这意味着我们最初关于被报告的传染病病例总数的问题找到了答案：1500 万并不是减少了一半，而是只有原来的 1/4！实际的数字不是

---

① 纽约州纽约县的实际管辖范围和曼哈顿完全一样。——译者注

750 万，而是 374 万。由于讨厌的汇总数，我们对每个性别进行了两次计数，之后又对每个县再次进行了计数。

我试图向他们展示的一个陷阱就是我陷入了比我预料中要深两倍的陷阱。数据总会让我们感到惭愧，不是吗？

所以，我们已经看到了汇总数据是如何导致某些类别为空值（empty）或缺失值（Null）的，而且，当我们依靠软件的默认值而对视图的观察不够仔细时，也许会错过一些有趣的发现。我们也看到了如何在数据中发现令人讨厌的汇总数，甚至让最简单的答案也出现了一个数量级的错误。

我们需要先了解数据的这些方面，然后才能得出关于视图和我们分析的结果在向我们揭示什么样的结论。如果我们不探究数据的轮廓及其内部，就会冒着得出某些根本不存在的趋势的风险，并且还有可能遗漏一些关键的观察结果。

汇总数据是一个相对简单的（有些人甚至称其是微不足道的）数学运算，但我们已经看到这些基本步骤也可能很费事。让我们来想想看，当进行一些涉及更多数学运算的事情时会发生什么，比如处理比例。

陷阱 3D：荒谬的百分比

让我们换个话题来展示另一种分析数据时由于错误的数学计算而使我们误入陷阱的方式。我们的下一个示例涉及百分比——它非常强大，但处理起来十分费事。每年，世界银行都会制表并发布一个数据集，来估算每个国家和地区居住在城市的人口百分比。我喜欢世界银行的数据团队。

世界银行网站上显示的时间表表明，全球城市人口百分比的整体数字已经从 1960 年的 33.6% 上升到 2016 年的 54.3%。该网站还允许我们下载这个百分比的数据集，让我们可以更加深入地研究国家和地区级别的数据。

我们非常幸运——世界银行囊括了一个含有各个国家和地区数据字段，而北美地区包含了美国、加拿大和百慕大（墨西哥被包含在了拉丁美洲和加勒比地区）。我们可以快速列出这三个国家和地区中城市人口的百分比，如图 4-14 所示。

地区	国家和地区名称	城市人口百分比
北美	百慕大	100.00%
	加拿大	82.01%
	美国	81.79%

图 4-14　2016 年北美地区各个国家和地区的城市人口百分比

但是，我们要如何根据这三个国家和地区级别的数字来确定整个地区的百分比呢？相加得到 263.80% 显然是很愚蠢的，并且没有人会像那样把分母不同的百分比相加（我之前这样做了不止一次）。

答案显然是取这些值的平均数，对不对？所以，将三个数字相加得到 263.80%，然后把这个数字除以 3（每个国家和地区算一个），就可以得到简单的算术平均值。我们通过这种做法计算出该地区平均的城市人口百分比是 87.93%，如图 4-15 所示。

地区	国家和地区名称	城市人口百分比
北美	百慕大	100.00%
	加拿大	82.01%
	美国	81.79%
平均数		87.93%

图 4-15　通过算术平均值（或平均数）计算地区的城市人口百分比（这是错的！）

做完了！对不对？

错。我们不能用这种方式来合并这些百分比。这是一个非常常见的陷阱。为什么我们不能对百分比求平均值呢？使用电子表格和分析软件来做这个事情非常容易。如果使用软件来做是如此简单的话，那它可能是正确的吗？差远了。而这就是我写这本书的原因，还记得吗？

与这个问题相关的真相是，每个百分比都是两个数字的商。每个商的分子都是某个国家和地区的城市人口数量，而分母是该国和地区的人口总数。

所以它们的分母是根本不一样的，如图 4-16 所示。

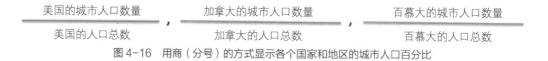

图 4-16　用商（分号）的方式显示各个国家和地区的城市人口百分比

当我们问到关于北美地区的城市人口时，我们要找到的是北美地区的城市人口总数除以北美地区的人口总数。但如果我们还记得小学四年级的数学课程的话，当我们对商进行相加时，我们不会相加分母，而只相加分子（当分母相同时）。所以换句话说，只有当每个国家和地区的人口总数都完全相同时，我们才能合理地将商加在一起。而我们并不知道每个国家和地区的人口总数，因为这些数字并未包含在我们下载的数据集中。

所以看起来我们正处于僵局，无法在地区级别回答这个问题。仅凭这个数据集的话，那确实如此，我们无法作答。我认为部分问题在于，它让我们感觉自己好像能够在地区这个级别来回答这个问题。每个国家和地区都有一个数值，而每个国家和地区都按地区进行分组。只要简单的汇总就好了，对吗？没错，做那样的数学运算很简单。而这刚好说明了为什么陷阱是那么危险。

如果我们要分析的是数值，例如人口总数，而不是比率、比值或百分比，那么我们可以进行精确地汇总并回答在地区这个级别的问题。这样是可以的。我们无须担心与非商数值匹配的分母。

事实证明，总人口数据集是关键的缺失信息，它可以帮我们找到我们想要解决的"在地区级别了解城市人口百分比"这个问题的答案。幸运的是，世界银行还发布了单独的数据集，其中包含各个国家和地区随时间变化的人口总数。我之前是不是说过我爱世界银行的数据团队？

如果我们下载并混合或连接国家和地区人口的数据集，就可以将人口总数添加到原始表格中。这样做立刻揭示了为什么我们在使用最开始的算术平均法时会遇到麻烦，因为这三个国家和地区的人口截然不同，如图 4–17 所示。

地区	国家和地区名称	城市人口百分比	人口总数
北美	百慕大	100.00%	65 376
	加拿大	82.01%	36 264 604
	美国	81.79%	323 127 513

图 4-17　同时显示城市人口百分比和人口总数

通过这张表，我们可以很清楚地确定我们在地区级别商的分母，即北美地区（由世界银行定义）的人口总数。我们可以把最后一列中的三个数字相加，得到 359 457 493。

所以现在我们需要的是每个国家和地区的城市人口总数，我们可以通过将城市人口的百分比乘以每个国家和地区的总人口来进行估算。一旦有了这些，我们就可以轻松地将这两个数字相除来计算地区的商并得到 81.81%，如图 4–18 所示。

地区	国家和地区名称	城市人口百分比（用于汇总）	人口总数	计算出的城市人口总数
北美	百慕大	100.00%	65 376	65 376
	加拿大	82.01%	36 264 604	29 739 151
	美国	81.79%	323 127 513	264 279 530
总计		81.81%	359 475 493	294 084 057

图 4-18   城市人口百分比、人口总数和预估的城市人口总数

看看这张表，我们会发现该地区的城市人口百分比非常接近美国的这项数值。准确地说，它仅比美国的值多出了 0.02%。这个原因现在非常显而易见：美国在该地区的人口数量占据着主导地位，几乎 90% 的居民居住在那里。百慕大 100% 的居民都住在城市里，但仅占该地区人口总数的 0.02% 不到。因此，在确定地区平均值时赋予它们相同的权重并不准确。

另一种查看的方式是，将这三个国家和地区分别放在城市人口与城市人口百分比的散点图上，依照人口数量决定气泡大小，并添加地区级别的百分比。正确的百分比和错误的百分比如图 4-19 所示。

通过北美地区来展示该陷阱以及如何逐步避免这种陷阱是很方便的，因为该区域仅列出了三个国家和地区，所以很容易显示整个地区的表格。而不管怎样都可以对世界银行数据集中的每个地区进行类似的分析。如果我们这样做的话，就可以创建出如图 4-20 所示的斜率图，该图显示了各个地区错误的城市人口百分比与正确的城市人口百分比之间的比较。请注意，我们在拉丁美洲和加勒比地区犯了多大的错误，当我们考虑到人口总数而不仅仅是对每个国家和地区的值求平均值时，该地区的城市人口比例从 65% 上升到了 80% 以上。

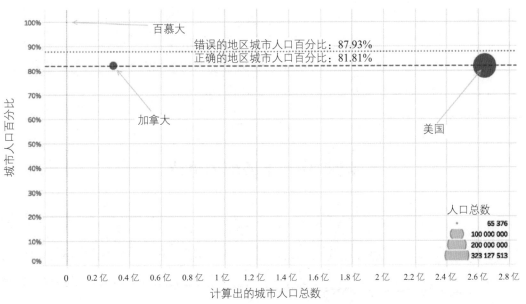

图 4-19　北美地区国家和地区的散点图

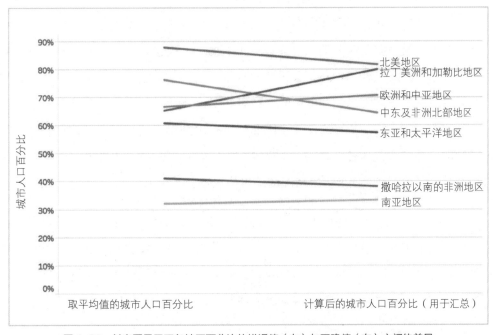

图 4-20　斜率图显示了各地区百分比的错误值（左）与正确值（右）之间的差异

这看起来似乎是一个简单的错误，你看到它时可能都无法想象自己会陷入这样的陷阱。然而，人们很容易忽略这些迹象并一头陷入其中。每当你发现自己陷进去了，都会有一种想要捂脸的羞愧感。在一段时间后，你就会很快察觉这类陷阱。在汇总比率、比例、百分比和占比时要非常小心。这是一件非常棘手的事情。

陷阱 3E：不匹配的单位

数据陷阱的下一个类别与我们对事物进行测量的方式有关。当我们对数据中的不同数量进行数学运算时，我们需要确保自己清楚所涉及的度量单位。如果我们不注意的话，就很可能不是在处理同一基准下的比较，而我们的计算可能最终会让我们得到严重错误的结果。

在本章一开始，我就提到了臭名昭著的火星气候探测者号的例子，如图 4-21 所示。当时发生的事情是，由于探测器太过靠近火星表面，从而被焚化。而产生轨道错误的原因在于，地球上的洛克希德·马丁公司的软件系统输出的推进器点火脉冲以磅力秒为单位，而美国国家航空航天局创建的第二系统基于每个系统的规范，认为这些结果是以牛顿秒为单位的。1 磅力等于 4.45 牛顿，因此计算得出的推力比轨道器保持在安全高度实际所需的推力小得多。该任务的总成本为 3.274 亿美元，而更大的损失也许是对我们从太阳系邻近星球获取其表面及大气情况的珍贵信息造成了延迟。

我回想起 1990 年下半年在加州大学洛杉矶分校（UCLA）的工程学院学习时，度量单位一直都是很重要的事。作为学生，我们在做作业、室内实验和考试中，经常需要将国际单位制（SI，法语 Système international d'unite's 的缩写）转换为英制单位，反之亦然。忘记转换单位是新手才会犯的错误，而我和我的同学总是会犯这样的新手错误。

图 4-21　艺术家对火星气候探测者号的渲染

　　坐着抱怨现状很容易。毕竟，目前世界上只有三个国家不使用公制作为国家单位制——利比里亚、缅甸和美国。不过试想一下，如果你生活在古代，到另一个邻近的城镇旅行时，通常会遇到一个完全独立的标准去测量长度、质量和时间，该标准通常基于当地封建领主的拇指大小、脚长或其他类似物。

　　感谢法国大革命带来的压力让我们采取一套通用的计量单位，并且我们很接近达成目标了。美国更换每个路标、每条法律、每项法规要求以及每类包装标签的成本将是巨大的，而这些成本将要在数年甚至数十年内产生。但从长远来看，错误的减少、跨境贸易的简化和国际通信会带来多少节省呢？你知道我的立场了，不是因为我是个全球主义者（我的确是），而是因为我赞成减少数据陷阱的威胁。正因如此，才有了这本书。

对于那些不是工程师或科学家的亲爱的读者，你可能坐在那里联想到自身："啊，我很高兴我不必担心这个问题！毕竟，我不设计火星探测器或火星车之类的东西。"

首先，我们所有人都应该明白，设计火星探测器和火星车以及诸如此类的所有事物是一件多么酷的事情。

其次，尽管没有那么快，但你也不得不开始考虑度量单位。你知道这是事实。你有没有将一汤匙的盐放入菜中，而不是用食谱要求的一茶匙？我也很无奈，但确实如此，哼！

以下 9 种方式都曾让我在各种环境下陷入了这个令人讨厌的陷阱的最深处，包括不同的商业环境：

- 用不同货币对成本或收入进行计算：美元、欧元、日元之间换算；
- 用不同计量单位对库存进行计算："每个"（单个单位）与一盒 10 个，或 10 盒 10 包的组合；
- 对温度进行比较：摄氏温度与华氏温度（相对于开尔文）；
- 对使用 K（千）、M（百万）和 B（十亿）作为后缀的任何数字进行数学运算；
- 对分别以度分秒（DMS）和十进制度数（dd）表示的经纬度位置数据进行处理；
- 使用直角坐标系（x，y）与极坐标系（r，θ）进行二维空间定位；
- 使用度数与弧度的角度；
- 用十六进制、十进制或二进制对数值进行计数或数学运算；
- 在确定发货日期时对自然日和工作日进行处理。

以上列表中的某些项目会很难处理，而我们会经常碰到它们。以最后一个为例——运输期限。考虑到周末和节假日，我的包裹会在何时能准时送到？是考虑美国的假期，还是加拿大或英国的假期也要一并考虑？从技术上讲，一天是基本计量单位，但我们是在用某些类型的天数来衡量时间。这似乎是技术性的，但这可能意味着是准时收到这个关键包裹，还是不得不在没有它的情况下继续旅行之间的区别。

不花费时间查询元数据表就深入数据集，是陷入这种陷阱的最佳方式。元数据是我们最好的朋友，它可以用来帮助理解我们正在处理的确切内容，以及为什么严格记录我们创建的数据集是至关重要的。某个数据字段的标题可能是"运送时间"，但这个字段的操作定义是什么？另一个数据字段的标题可能是"数量"，但该数据字段是以单位、盒还是以其他形式来进行度量的呢？另一个数据字段被称为"价格"，但使用的是什么货币呢？

我们常常需要查阅元数据。如果没有元数据，我们就需要强烈地要求提供它。每次我使用经过严格记录的数据集，即每个字段都有详细描述，以便回答我关于度量单位的问题时，我都会很感谢在对每个字段进行定义时所花的时间。需要注意的一个细节是，有时数据集会有一个包含了不同单位记录的字段，即混合数据字段。通常在这种情况下，会有第二个附带的列或数据字段用于指定每个字段的度量单位。这些是特别复杂的情况，我们可能需要基于度量单位（通常缩写为"UoM"）字段来编写 IF/THEN 计算，以便在执行简单的汇总计算，如 Sum（总计）和 Average（平均）之前将所有值转换为通用单位。

在本章中，我试图说明我曾遇到的各种数学错误，但还有很多我没提及的错误。每个数据集都会以某种数学上的方式来挑战我们，其影响可能达到几个数量级的误差。

当错误的结果大得离谱（例如城市人口的比例为 2000%）时，我们几乎可以用幸运来形容，因为这会让我们立刻就能意识到我们已经陷入了这个陷阱。但是，当错误的程度小得多时，我们可能会遇到大麻烦，直到为时已晚，就如昂贵的火星探测器在 2.25 亿千米之外熔化消失一样。

不过，等等，那是多少英里[①] 来着？

----

① 1 英里 ≈1.61 千米。——译者注

第 5 章

AVOIDING DATA PITFALLS

陷阱 4:
统计疏忽

How to Steer Clear of Common Blunders
When Working with Data
and Presenting Analysis
and Visualizations

事实是老顽固，统计数据却可以变通。

马克·吐温

我们如何对数据进行比较

尽管统计学是一门十分有用和有价值的学科，但它的名字却成为一个不大体面的代名词。常见的以"统计学是……"开头的搜索词条包括：

- 统计学是坏的；
- 统计学是谎言；
- 统计学是无用的；
- 统计学不是事实；
- 统计学是胡编乱造的产物；
- 统计学是给失败者用的。

为什么会这样？根据韦氏词典的解释，统计学不过是"数学的一个分支，涉及大量数值数据的收集、分析、解读和展示"，为什么很多人这么看不起它呢？

我认为，人们对统计学的不满，主要是由以下四个方面的原因造成的。

第一个原因，也是很多人深有感触的原因，即统计学中很多描述性和推断性的基本概念是很难理解和解释的。每年都有很多稀里糊涂的大一新生在统计学基础课程中努力获得一个及格分，甚至还有很多专业的科学家也解释不清 "p 值" 的概念。

第二个原因是，即使是怀有善意的专家也常常会错误地使用统计学的工具与技术，我本人也是。统计的陷阱有很多，而且都不容易避免。当我们对所谓的专家们都不敢相信的时候，对统计学的态度也难免是因噎废食。

第三个原因是，别有用心的人可以通过编造统计数据来编织谎言。在马克·吐温的年代，人们就已经意识到这一点了，就如这一章的引语所说的那样。市面上甚至有一些畅销的书籍，专门教行骗者如何用统计学的手段来达到目的。

第四个原因是，统计学常常被人们看作冰冷且不近人情的，从而不能传达问题中的人文元素。没有人想 "成为一个统计数据" ——在英文中，这个表达等同于将一个活生生的人看作不幸情况下的遇害者，并在数据汇总中永远被淹没，成为一个无名无姓的数据点。"统计" 一词给人们带来的负面联想，可见一斑！

尽管遭到了如此多的批评，统计学仍然为每个数据工作者提供了其工具箱中不可或缺的工具。在某种程度上，如果你仔细重新思考上述对统计学的定义就会发现，无论我们给那些步骤起什么好听的名字，我们在处理数据中做的每一件事都是在做统计。从字面意义上理解，"数据分析" 也好，"数据科学" 也罢，其实都包含在统计学的范畴内。

所以，我们要如何才能改变人们对于统计学的固有认知呢？我们要怎样才能让统计学重登数据界的 "大佬" 之位呢？首先，我们要了解那些让统计学招致恶名的陷阱都是什么。

陷阱 4A：描述性错误

统计学中最简单、最基础的分支就是描述性统计，即将数据集提炼为单独的数字，来描述或总结该数据集本身，既不多，也不少。回想一下，你是不是经常遇到与以下例子相似的统计数字：

- 一家公司所有员工收入的中位数；
- 全班同学 SAT 考试的分数范围[①]；
- 一个投资组合中所有股票收益的方差；
- 一支球队中球员们的平均身高。

统计学的这一分支与推断性统计有着明显的区别。推断性统计的目标是，根据已有的样本数据，推测出潜在总体（通常数量上会大很多）的性质。我们在后面会讲到这一点。

但是，用统计数据来描述数据集如此简单，难道还会有陷阱吗？当然有了。做数据工作的任何人，都会时不时地陷入这些陷阱。我们在前文中已经看到，即便是做最基础的对数据进行汇总的数学运算，比如求和，也可能出错，更何况稍微复杂一些的运算，如求平均值和标准差，那可真是不知要从何讲起啊……

在描述性统计的工具箱中，集中趋势的度量是重中之重——这是其中最有用的工具之一，但却总被人用得不伦不类。很多书都会讲到平均值、中位数、众数，而我不打算像教科书一样解释它们的概念。大多数人都知道这些公式：平均值等于所有数值的和除以数值的数量（也被称作"算术平均数"，或简称"平均数"），中位数就是比它数值大的占到数据记录的一半，比它数值小的占数据记录另一半的那个数，而众数就是在特定的数据集中出现最频繁的那个数值。

---

① SAT 是美国通用的大学入学标准化考试。——译者注

但最常见的错误并不是在计算这些统计数据的时候发生的。它们的公式都相当简单，并且许多统计学软件都可以很可靠地对它们进行计算。这些集中趋势的统计量的真正难点在于，当我们使用这些统计量时，看到数据的人会把它们理解为"正常的"或"典型的"数值，从而认为数据集中大多数的数据点都一定和它们是相似的。根据数据的不同分布情况，这可能是一个准确的印象，也可能谬以千里。让我们一起来看一个体育数据的例子。

这个例子是关于橄榄球（Football）的，准确地说，是美式橄榄球（American Football）。[1]

平均来说，美国职业橄榄球大联盟（NFL）中一名男球员的年龄是25岁，身高6英尺[2]2英寸[3]（约188厘米），体重244.7磅[4]（约111千克），年收入150万美元，穿着51号球衣，全名共有13个字符（包括空格、连字符等）。

这些描述是数学事实，至少这是我们基于美国职业橄榄球大联盟32支球队在2018赛季季前阵容中2874名现役球员的数据计算出来的（这里的工资数据使用了2017年1993名现役球员的"工资帽"数据，因为在我写这一章的时候，2018年的工资数据还没有公布）。

现在，在看过我给你描述的这些数据后，相信你的脑海中已经对美国职业橄榄球大联盟中一名"典型"球员的样子有了一个印象。

如果以上就是我提供给你的全部信息，你大概会认为，一名随机挑选的球员，其属性会与这些提供的平均值大致相同——或许会有正负10%~20%的微小偏差。

---

[1] 作者在这里玩了一个关于Football的梗。一般来说，Football指"足球"，但在美式英语中，Football一般指"橄榄球"，他们会用"Soccer"来表示足球。——译者注

[2] 1英尺=0.3048米。——译者注

[3] 1英寸=2.54厘米。——译者注

[4] 1磅=0.4536千克。——译者注

你应该可以想象，与所述平均值相差 50% 的可能性是极小的——毕竟一名身高为 9 英尺 3 英寸（约 282 厘米）的球员也太高了。你肯定也很难想象，它们任何一项属性的数值会与平均值完全不同。比平均值大两三倍，甚至十倍？这似乎太牵强了。

而你会对六项属性中的四个基本判断正确，在这四项属性中，最大值也没有超过平均值的两倍。而对于第五个属性来说，这个判断也差得不太远，其最大值大约是平均值的 2.25 倍。

而对于剩下的第六个属性来说，上面的论断就可能是大错特错了。在这六项属性中，有一个属性的数值差异性与其他五个截然不同，其中的最大值足足比平均值高了 16 倍。我们一会儿就会看到是哪个属性有如此奇特的数值差异性。也许你已经猜到是哪个了。

让我们更加深入地进行分析。如果我用直方图向你展示这六项属性每一项的分布情况，其中显示了落入每一个数值"分组"的球员数量，左边是最小值（不一定是零），右边是最大值，你能猜出每张直方图对应的是哪个属性吗？如图 5-1 所示，为了提高难度，我特地去掉了坐标轴和数值标签。

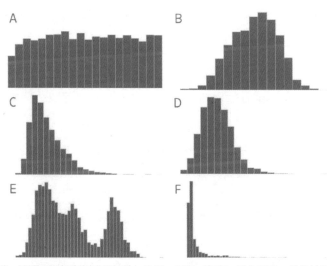

图 5-1 猜一猜哪张图代表了球员年龄、体重、工资、身高、球衣号码、姓名长度的数值分布

来挑战一下你自己吧。请仔细查看每张直方图的形状，并且思考，如果每个属性都具有各自的形状，那会意味着什么。假如你对美式橄榄球不太熟悉的话，这个挑战可能有些困难，不过，还是请你来尝试一下。

让我们假装自己回到了学校。你一定感觉压力非常大吧？我懂的。

如图 5-2 所示，我将每张直方图的字母代号写在左边一列，将球员属性的变量名按字母顺序写在右边一列，现在请你基于你的猜测来做连线。

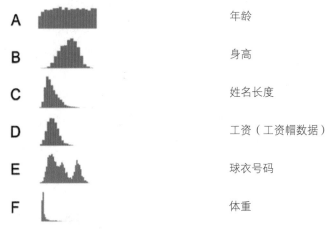

图 5-2 请将直方图代号与球员特征对应起来

那么，让我们一起来试试看。比如说图 A 中的分布，看起来很平均，对吧？这会是球员年龄的分布吗？如果是的话，这意味着，一个随机抽取的球员处于最低年龄段的概率会低一点（最左边的条形比其他稍微矮一些），但是在其他的年龄段，概率是基本相等的。

但是看看这个分布的最右端——数据戛然而止，是不是？这个分布根本没有尾端。或许，超过某一年龄的球员会集体从联盟中消失？这种情况成立的唯一可能性就是，有某种规定，不准超过某一年龄上限的球员参赛，但我们知道，现实情况并不是这样的。

在美国职业橄榄球大联盟中，并没有那种比如说在 40 岁"强制退休"的规定。那么在这六项属性中，到底哪个才会出现这种在最高值的截断呢？

现在，让我们跳到图 E 中的分布。这张图有三个驼峰似的突起，形状有些特别，是不是？这类分布称为"多峰分布"，因为直方图中有两个或以上不同的"峰"。在这六项属性中，哪一个的数值可能分为三个不同的小组呢？也许是工资？是否有一组球员挣得比较少，还有一组工资相对高一些，而最后一组的报酬甚至更高？似乎只有某种奇怪的经济学规律才会产生这样的工资分布，所以图 E 不应该和工资相匹配，没错吧？为了弄清这六个属性中的哪一个与图 E 中的分布相对应，我们需要想一想，哪项属性的数值会根据三种不同的球员"类别"而分成三组。

好了，说教到此为止。图 5-3 是我们这个统计学小测验的答案。

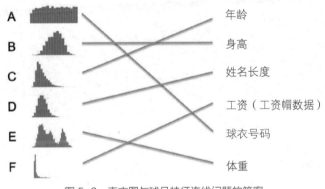

图 5-3　直方图与球员特征连线问题的答案

你做得怎么样？这六项属性对应的分布，你猜对了几个？接下来，让我们逐一查看这些球员属性，思考数值分布的形状对球员群体意味着什么，以及这与我们先前在脑海中根据平均值得出对"典型"球员的印象有何关联。

A. 均匀分布：球衣号码

在一个完美的均匀分布中，从数据集中随机抽取一个数值，该数值落入任何一个数值分组的概率是均等的——就像掷一个重量完全均匀的六面骰子一样。当然，现实世界中的实际数据从来不会完美地遵循任何一个分布，但是我们可以从图 5-4 中看到，如果我们将球员的球衣号码每 5 个分为一组（也就是说，球衣号码是 0~4 的分在第一组，5~9 的分在第二组，10~14 的分在第三组，依此类推），那么除了第一组以外的任何一组，都大约包含 5% 的数值。

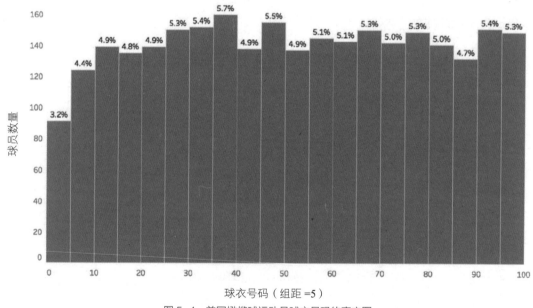

图 5-4 美国橄榄球运动员球衣号码的直方图

为什么在最后一个条形后面就没有数据了呢？这很简单。美国职业橄榄球大联盟有一项规定，球衣号码必须在 1 到 99 之间。这也是为什么我们看到直方图在最后一个条形（包含了球衣号码是 95~99 号的球员）的右侧就戛然而止了。没有任何球员的球衣号码是100 号。

所以，这种分布对我们先前的论述中提到的"平均来说，一名球员穿着 51 号球衣"的解读是什么呢？首先，如果我们猜测一名随机选择的球员穿着的是 51 号球衣，那么我们不会错得太离谱。这个猜测和实际情况相比最多差 50，而最大偏差超不过 50 是有原因的——也就是上述的"球衣规则"（假设这个规则不改变的话）。

我们可以这样想：假如球衣号码分布的最大值是平均值的 16 倍，那么球场上就会有人穿着 816 号球衣。我看过很多橄榄球赛——非常非常多，如果出现这样的情况，那我肯定会注意到。

而更有趣的是，在 2018 赛季季前阵容的 2874 名现役球员中，只有 27 人登记的球衣号码恰好是 51 号，也就是说，如果我们对任何一名球员都猜测其身着"51 号"这个平均数的话，只有不到 1% 的概率能猜中。事实上，根据官方规则，只有"中锋"（在进攻线上位于中间，负责把球传给四分卫）位置的球员才能身穿 51 号球衣。

并且，如果我们不猜 0 号（只有 1 名球员在季前的球员名单上登记的球衣号码是 0 号，大概率是写错了）和 1 号（只有 16 名球员在 2018 赛季开始前登记使用这个号码），那么无论我们猜哪一个球衣号码，都只有 1% 左右的概率猜对。

在 2018 赛季整个联盟的名单中出现频率最高的球衣号码是 38 号。巧合的是，在我从网站上下载的数据中，正好有 38 名球员登记的球衣号码是 38 号。即便如此，我们也只有 1.347% 的概率能猜对。图 5-5 是球衣号码的另一张直方图，调整后的每个分组减少为只包含一个数值。

原则上说，当我们面对一个均匀分布的时候，了解最小值和最大值（而这样我们也就知道了数值的范围，也就是这两个数的差值）会非常有帮助。平均值和中位数都位于数值范围的中间点，在我们知道分布为均匀的条件下，并不能真正为我们提供任何额外的信息。

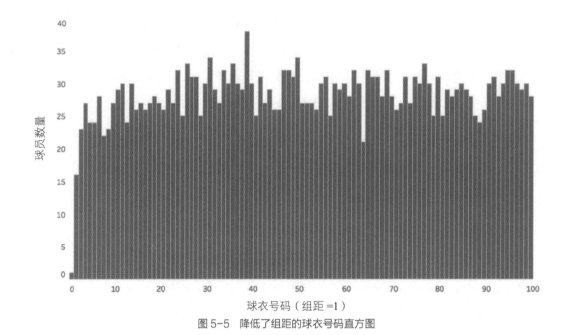

球衣号码（组距 =1）

图 5-5　降低了组距的球衣号码直方图

但 51 号的球衣号码真的是美国职业橄榄球大联盟球员的"典型"球衣号码吗？它确实是在可能的取值范围内，我们也不能说它像球衣号码是 1 号那样的"非典型"。但是用"典型"这个词确实不太恰当，是不是？毕竟一个球队里并没有太多的中锋球员。

让我们来看看下一个分布。

B. 正态分布：球员身高

美国职业橄榄球大联盟球员的身高很像一个高斯分布，也称为正态分布。正态曲线是最出名的分布类型，是很多统计对比方法的基础，是一个超级强大的工具，但也是许多重大错误的根源，如图 5–6 所示。

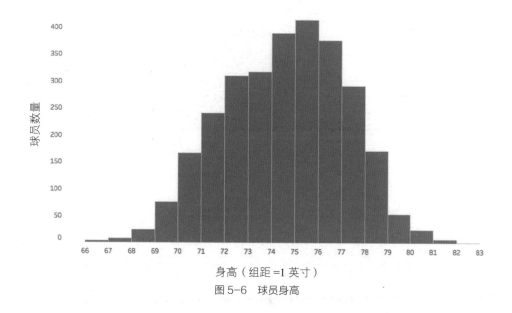

图 5-6　球员身高

季前阵容球员名单上所有球员的平均身高是 73.7 英寸，接近 6 英尺 2 英寸。该分布的标准差是 3.2 英寸。这是什么意思呢？

标准差通常用于描述某一分布的变化情况。到目前为止，在本章中，我们一直用最大值除以平均值来讨论每个分布的变化程度（还记得那个最大值比平均值高出 16 倍的神秘分布吗）。但这种讨论变化程度的方法并不是很有成效，因为得到的结果很大程度上取决于数值的大小，而且只有在讨论从平均值到最大值（而不是从平均值到最小值）的距离时才真正会有意义。

标准差（standard deviation，SD，有时也用希腊字母 σ 表示）是方差的平方根，而方差是随机变量与平均值的平方偏差的期望值。在正态分布中，平均值（μ）和标准差（σ）完全定义了正态曲线，如图 5–7 所示。

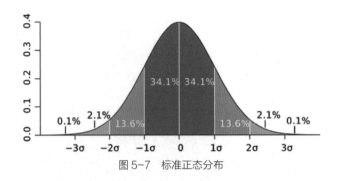

图 5-7　标准正态分布

有时候，在处理正态分布时，人们会使用"68–95–99.7 原则"。也就是说，在正态分布的数据集中，68% 的数值会在距离平均值一个标准差的范围内（确切地说，是 34.1%+34.1%），95% 的数值会在距离平均值两个标准差的范围内（13.6%+34.1%+34.1%+13.6%），而 99.7% 的数值会在距离平均值三个标准差的范围内（2.1%+13.6%+34.1%+34.1%+13.6%+2.1%）。正态曲线是一个漂亮的、完全对称的钟形曲线。

这个曲线是怎么来的，用处又是什么呢？在继续讨论橄榄球球员的属性前，让我们先进行一场简短的统计学历史之旅。

18 世纪的赌徒曾雇用统计学家来手工进行非常耗时的赔率计算。其中一位受雇的统计学家亚伯拉罕·棣莫弗（Abraham De Moivre）发现，掷硬币正面或反面朝上的次数为某一数字的概率会随着掷硬币总次数地不断增加，越来越接近一个钟形曲线。伽利略后来发现，天文学观测的误差分布也符合一个类似的曲线，使得人们对这一曲线形状的方程提出了各种假说。大约在同一时期，数学家罗伯特·阿德瑞安（Robert Adrain）和卡尔·弗里德里希·高斯（Carl Friedrich Gauss）分别在 1808 年和 1809 年各自独立推导出了这一曲线的方程。BMI 指数的发明者、比利时科学家阿道夫·凯特勒（Adolphe Quetelet）后来又将正态曲线应用到社会科学领域以及如人类身高、体重、力量等自然变量中，就如同我们在本章中所分析的一样。

从 20 世纪 90 年代后期开始，由于通用电气 CEO 杰克·韦尔奇（Jack Welch）的推动，六西格玛运动使得正态曲线和标准差统计的概念被许多从未在大学上过统计学基础课程的商业人士所知晓。这一运动也让许多参加过这门令人生畏的大一课程但是把统计学知识全忘光的人重新了解了正态分布。

这个运动的名称的前面之所以包含数字"6"，是因为如果一个正态分布满足规格上限和下限（这是质量控制中定义"优质"部件的标准）距离平均值都是六个标准差，或 6σ，那么该分布有 99.99966% 的概率能产出"优质"部件。对于制造过程来说，这是一个非常不错的结果了，不会导致因为超出规格限制而产生太多的报废品或次品。也就是说，当考虑到流程长期变化中 1.5σ 的"偏移"时，每 100 万个零件中，只有 3.4 个会被丢弃。

这项运动的拥趸们迫不及待地将这种测量和改进流程的方式照搬到交易流程中，而不仅仅是在制造流程中加以使用，甚至没有考虑到这些流程是否产生了符合正态分布曲线的稳定结果。我们在后面会继续讨论这一点。

再插一句闲话。我曾经也是六西格玛运动的热情参与者，甚至在我曾经就职的医疗器械公司还赢得了"黑带大师"的称号，并且为"绿带"和"黑带"持有者们进行 DMAIC 方法的培训。这里的 DMAIC 是指六西格玛项目中的五个步骤的简称：定义（define）、测量（measure）、分析（analyze）、改进（improve）和控制（control）。这一运动也令我从一名工程师转变为一名专家。

我对此一直深感自豪，直到我爸发现了，并质问我到底在用他为我支付的学费做什么。我爸其实是个很好的人，我想他那时也只是想灭灭我的威风，但是这一系列关于六西格玛的热潮确实有些过于狂热和做作了。

不可否认的是，在一些向来不太使用统计方法的部门（例如结算、客户服务、人力资源）中，人们开始大量使用，并且肯定在误用诸如平均数、标准差之类的统计数据。

他们也在使用统计假设检验方法，比如 T 检验、方差分析（ANOVA）和卡方检验来对数据集进行比较。这样的运动一度颇具规模，但是我感觉最近兴起的大数据时代（我本人很不喜欢这个说法）使得这些重要（但是对外行来说比较困难）的假设检验方法显得有些过时了。

现在，我们再回到对橄榄球球员身高的讨论上。这些身高数值接近正态分布的事实意味着，在距离平均值越远的位置，在集合中找到特定数值的可能性就越会极速降低。数据集中最高的球员是内特·沃兹尼亚克（Nate Wozniak），他在名单上登记的身高是 82 英寸，即 6 英尺 10 英寸，比平均值高出 2.6 个标准差，参考如图 5-8 所示的计算公式。

$$\frac{82 - \mu}{\sigma} = \frac{82 - 73.7}{3.2} = 2.6$$

图 5-8　计算最大值与平均值之间的标准差距离的公式

2.6 这个数值被称作 "Z 值"，我们可以通过查询 Z 值表，来得到从正态分布中观测到距离平均值不小于 2.6 倍标准差的数值的概率。当正态分布的平均值是 73.7 英寸、标准差是 3.2 英寸时，身高超过 82 英寸的概率略小于半个百分点，确切地说是 0.47%。也就是大约在每 215 个球员中，有一个人会和沃兹尼亚克一样高，甚至更高。

正态曲线的一个显著特征是，曲线值永远不会真正完全降到 0。无论是距离平均值多远的数值，总会有那么一点概率。这一概率在距离平均值足够远的时候（比如 10σ），小到可以忽略不计。一个比平均身高高出 6σ 的球员，其身高接近 93 英寸，即 7 英尺 9 英寸，而找到一个至少这么高的球员的概率低于十亿分之一。

C. 对数正态分布：球员年龄

在全部的六个分布中，只有一个和正态曲线非常相似，其他五个都和正态分布有明显差别。

拿球员年龄的分布举个例子，这一分布是"右偏"的。而另一种描述方式是，这一分布呈现"正偏态"，如图 5-9 所示。

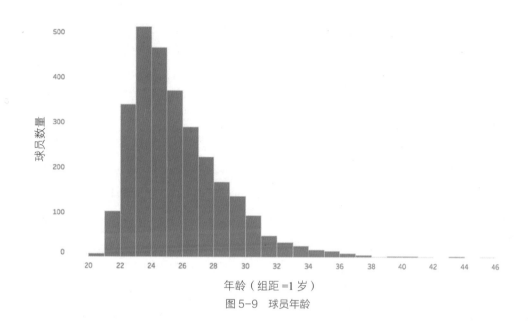

图 5-9　球员年龄

球员年龄大于众数（即直方图的顶峰数值，23 岁）的尾部，和年龄小于众数的尾部相比，要长得多。

但等一下。你应该还记得，在一开始我们说到，球员年龄的平均值是 25 岁，不是 23 岁。确切地说，平均年龄是 25.22 岁。那为什么平均值和直方图顶峰的数值会不一样呢？如果平均数代表着"典型"的话，那么它为什么与球员数量最多的年龄组不相等呢？

这是因为把平均值理所当然地当成"典型"数值，是一个我们会反复陷入的统计学陷阱。年龄的分布和其他很多分布一样，并不是对称的。因为有更多的球员年龄位于峰值右侧，这些年龄更大的球员就把平均值拉高了，使得平均值高于峰值。你应该还记得，平均值或者说算术平均数，就是全部数值的和除以数值的个数。在这个例子中，也就是全部球员的年龄之和除以球员的数量。

而年龄的中位数，也就是一半球员年龄位于该数值之上、另一半位于该数值之下的年龄，是 25 岁。当一个分布呈现偏态时，无论是左偏还是右偏，中位数都会位于众数和平均数之间。那么哪个数是"典型"值呢？不好说。这三个数值都有一些意义，但都不能概括全部信息。

所以，为什么相对来说，高龄球员的数量多过年轻球员呢？这是一个很有意思的问题。严格来说，在北美职业橄榄球大联盟中，并没有最低年龄或最高年龄的限制。但是有这样一条规定，任何一名球员，必须在高中毕业至少三年后，才能打职业比赛。所以在实际操作层面，球员的最低年龄是 20 岁，或者在某些罕见情况下是 19 岁。这一议题其实有些争议，不过我们先不讨论它；我们感兴趣的不是联盟的就业歧视问题，而是年龄规则对年龄分布带来的影响。

另外，一名球员只要能参加比赛就可以一直参赛。有些球员的运动生涯可以说是出奇地长，像亚当·维纳蒂耶里（Adam Vinatieri，我下载数据时已经 45 岁）这样的踢球手（kicker）和像塞巴斯蒂安·雅尼考斯基（Sebastian Janikowski）这样的弃踢手（punter）。我并不是看轻橄榄球运动员们每次上场所冒的风险，但实话实说，踢球手和弃踢手这类位置的球员通常不会陷入混战，也不会经常遭遇太强烈的肢体冲撞。当然了，总有例外情况。

这里插一句，这个分布和生存函数的形状很相似。生存函数，在工程学中常被用来描述某特定对象（可能是病人或者设备）的失败时间。如果把橄榄球运动员的退役时刻想成"失败"时点的话，那么每名球员都会一直参赛，直到他们因为各种原因不能继续上场。

如果我们不在图中呈现每名球员的年龄，而是呈现每名球员职业生涯的长度（时间 =

0 为开始打球的时间，时间 = x 为他们退出联盟的时间，单位可以是年、日等任何时间单位），那么我们得到的就会是真正的生存函数曲线。

▍D. 正态分布（包含离群值）：球员全名的字符个数

你也许会说，第四个分布，也就是球员名字的字符个数，长得很像一个正态分布。我对此表示同意，但是这个分布有一个容易被忽视的特点。当然，这个分布也有点右偏，但是更有意思的是，其中有一个位于右侧的、不易察觉的离群值，如图 5–10 所示。

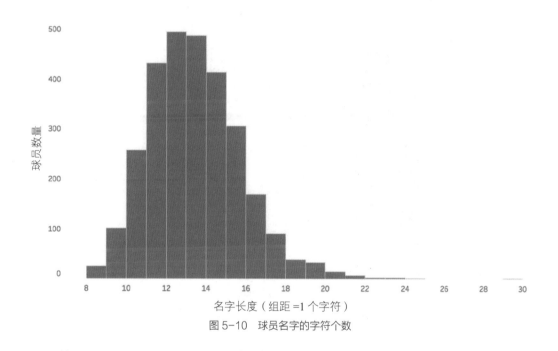

图 5-10　球员名字的字符个数

最常见的球员名字长度是 12 个字符，其频率略高于 13 个字符的球员名字。但是有一个球员的名字一共有 29 个字符（其中包括了空格和连字符），他的全名是 Christian Scotland-Williamson（克里斯蒂安·斯科特兰德 – 威廉姆森）。他名字的长度，比平均值高出将近 7 个标准差。假如有球员的身高比平均值高出这么多个标准差的话，其身高将会超过 7 英尺 8 英寸。而这个身高对橄榄球运动员来说不仅高得过分，而且比 NBA 有史以来最高的球员还要高 [马努特·波尔（Manute Bol）和格奥尔基·穆雷桑（Gheorghe Muresan）并列 NBA 史上最高球员，他们的身高都是 7 英尺 7 英寸]。

▌E. 多峰分布：球员体重

我们要考虑的第五个分布是橄榄球球员的体重。图 5-11 就是这个有三个峰的多峰分布。

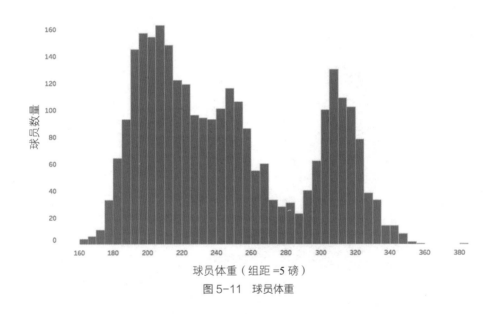

图 5-11 球员体重

为什么体重分布是这种奇怪的形状呢？这是因为在橄榄球比赛中，场上的不同位置需要不同体型的球员。

在进攻组和防守组上，都有一类体型壮硕的端锋位置球员，他们要时常参与"巨人之战"掌控中场。在攻防两端，还有要求速度和敏捷度的外接手以及防守后卫，他们要寻求空当，来接住或防守四分卫传来的球。另外，还有其他所有位置上的球员。在这三组中的每一组中，都有将近 1000 名球员。

如果我们将图 5-11 的直方图根据球员位置的大致分组来分开绘制，就可以看到，联盟中球员的体重，的确可以分为不同的三种类型，如图 5-12 所示。

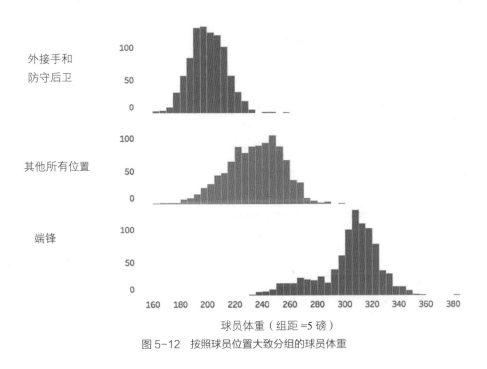

图 5-12　按照球员位置大致分组的球员体重

我们记得，所有球员体重的平均值是 244.7 磅。从这些分组直方图中可以看出，这个数字可以说是"所有其他位置"球员的典型体重，但对于另外两组球员来说，这是一个非常罕见的体重，而这两组包括了联盟中近 2/3 的球员。所以，244 磅算是"典型"体重吗？并不是这样的。这个体重至少对所有的球员位置分组来说都不是很"典型"。

对于多峰分布或呈现出驼峰状的分布来说，情况都是如此。总体的平均值也许和某一个子分组的"典型"值相对应，但也可能和哪一个子分组都对应不上。毫无疑问，在多峰分布的某些子分组中，总体的平均值会是一个非常不可能出现的数值。

F. 幂律分布：球员工资（工资帽数据）

我把最有意思的分布留在了最后。如果我们查看联盟中每个球员在球队中"工资帽"收入（这里"工资帽"只是个技术名词，指的是每个球队计算球员签约奖金等按比例分配的情况，我们在这里不需要过多关心），那么就如我们之前所说的那样，球员的平均年薪是 150 万美元。确切地说，2017 赛季的 1999 名球员的平均工资是 148.9 万美元。

请记住，平均值（也就是"算术平均数"，或者简称"平均数"）是整个分布的"代表数值"。也就是说，如果把每名球员的工资都替换成平均工资 148.9 万美元，那么联盟中所有球员的工资加起来总和不变，仍然是 29.7 亿美元。

有非常多的球员会很乐意见到这样的安排。在如图 5–13 所示的球员工资分布中，我们可以看到，最大的三个分组：0~50 万美元、50 万 ~100 万美元和 100 万 ~150 万美元，都在平均值以下。

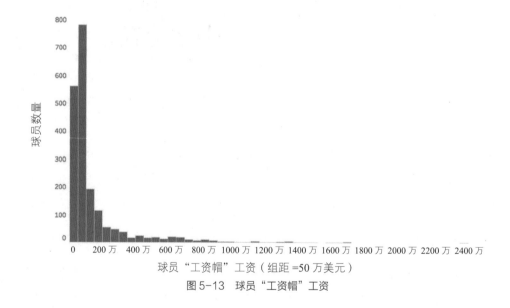

图 5–13　球员"工资帽"工资

实际上，在我能找到数据的 2017 赛季的 1999 名球员中，有 1532 人的工资都低于平均数，占全部人数的 76.6%。如果你认为他们每个人每年都能挣到 150 万美元，大多数球员都会感到被冒犯，而他们会很乐意把工资调整到平均水平。

但是有些球员会对调整工资到平均值的做法感到非常气愤。比如说四分卫柯克·考辛斯（Kirk Cousins），他在 2017 赛季的"工资帽"工资接近 2400 万美元。他在直方图中的数据点就是最右边的那个，你几乎看不到。他就是那个年薪超出平均值 16 倍的人。

如果我们尝试用标准差（σ）来衡量这个分布的话，考辛斯的工资会比平均值高出 10σ。假如有球员的身高比平均身高高出 10σ 的话，他的身高就会是 8 英尺 4 英寸。要知道，全世界身高最高的人只有 8 英尺 1 英寸，还要比这足足矮上 3 英寸。

那么球员工资的标准差是多少呢？是 225 万美元，比 148.9 万美元的平均值还要大。如你所见，工资是一个完全不同类型的分布。它绝对不是一个均匀分布，也不是正态分布。

这个分布被称作"幂律分布"（a power law distribution）。它在社会科学领域中应用广泛。想象一下社交网络平台上每个账号粉丝数的分布情况。会有相对少的账号拥有大量的粉丝——上百万甚至更多，而有很多账号只有几个粉丝。这样的规律在很多场景下都会成立。比如书籍销量、网站访问量、流媒体音乐播放量、电影票房等。作为人类，我们总将大部分的精力、金钱和爱倾注在少数的人和事物上。在人生的许多事情上，的确是赢家通吃。

这也是为什么人们常说幂律分布服从帕累托法则，或者叫作"二八定律"，即 80% 的好处归于 20% 的人。当然，"80"和"20"这两个数字并不是确定不变的，我们只是用这个比例来简单表示，通常有很多的资源和利益分配给了少数人。

在橄榄球运动员工资的例子中，80% 的"工资帽"总工资给到了联盟中工资前 800

位运动员，也就是整个联盟中 40% 的运动员。而"工资帽"总工资的一半被 214 名球员瓜分，仅略多于球员总数的 10%。如果我们对球员工资总量绘制累积曲线，从工资最高的球员（如柯克·考辛斯）开始，然后叠加上下一个工资最高的球员，以此类推，那么我们就能看到，工资分布的偏态是多么严重，如图 5-14 所示。

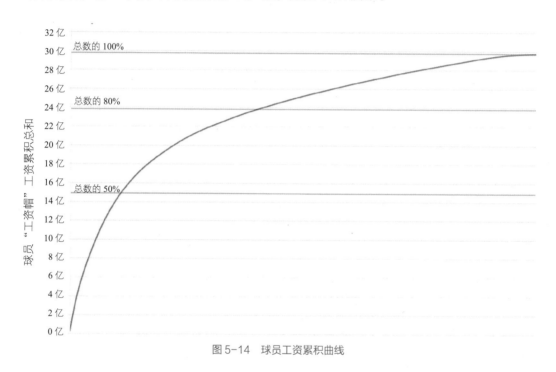

图 5-14　球员工资累积曲线

与之对比，让我们绘制所有球员身高的累积曲线，从最高的内特·沃兹尼亚克开始，从左到右累加，如图 5-15 所示。这几乎是一条完美的直线。我们可以从另一个角度想一下。想象你在建楼梯，楼梯的每一级与一名球员的身高成比例，第一级楼梯对应最高的球员，最上面一级对应最矮的球员，那么当你从远处观察整个楼梯时，你几乎看不出每一级的高度有什么差别。然而，如果你根据球员每年挣得的工资，用同样的方法来建楼梯呢？那么你就能很轻易地看出每一级高度的差别，楼梯的形状就会像图 5-14 中的曲线一样。

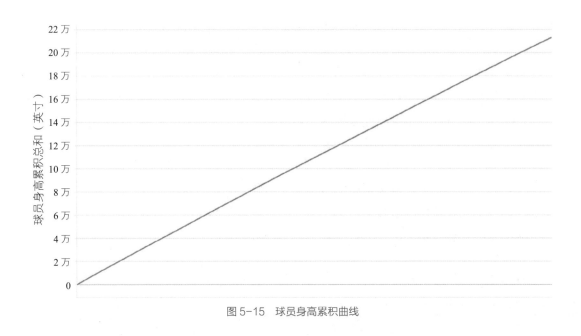

图 5-15　球员身高累积曲线

想想看，在这个例子里，我们仅仅考虑了在同一个联盟中参与同一项运动的球员工资，就已经看到了远超平均水平的例子。试想，假如我们考虑一个更广泛的群体，比如所有运动员，或者全体美国人，甚至地球上的所有人，那其中的差别会有多大？全世界75.3 亿人的收入分布一点也不像所有人的身高分布，更加不会像每个人掷骰子得到 1~6 的数字那样均匀的分布。

这些都是不同类型的差异，但其中的陷阱是个"经典"陷阱，我们总认为"平均"意味着"典型"，其实不然。

陷阱 4B：推断陷阱

当我们掌握了群体中每个成员的数据时（例如在前一节中橄榄球联盟的所有球员数

据），我们就不需要对群体中不同小组的差别进行推断，因为我们正在处理所有数据。

我们不需要推断哪支球队的球员平均身高最高，因为我们只需要计算每支球队的平均身高，然后进行降序排列就可以了。这只是描述性统计而已，但我们在前文中已经看到，即使做这样的计算也可能充满陷阱（顺便提一句，平均身高最高的球队是匹兹堡钢人队）。

然而在很多场合下，对整个群体的各个方面都收集数据是不可行、不现实或不划算的，所以我们只能从样本中收集数据，然后再对群体中不同组之间的差别进行推断。如此一来，难度系数就又上升了一个量级。

这也是美国的人口普查每十年进行一次的原因，因为这一过程的成本非常高，对全国所有住宅设施内的人口逐一核查是十分困难的，而且也难免会出现偏差和错误。目前2020财年全美人口普查经费的预算需求是 63 亿美元。这个数据收集项目真的是一点也不便宜啊！但这样值得吗？当然值，但确实不便宜。

鉴于绝大多数组织没有美国联邦政府的庞大资源，也没有数十亿的经费来进行这样大规模的数据收集，它们就只能根据从整个群体的子集中收集到的数据来进行决策。这样的事经常发生，但很多组织做决策的过程未必是毫无疏漏的。

在通往数据天堂的种种途径中，根据群体样本数据做出推断的这条捷径，布满了重重陷阱，一个接一个，这条路甚至可以说是最凶险的一条。

以下是一些日常生活和商业经营中涉及的使用总体样本数据的常见例子。

- 顾客满意度。当公司对顾客做调查时，他们知道有很多顾客不会回复他们的调查邮件，所以从购买过公司产品或服务的整个客户群体中获得 100% 的反馈是非常困难的。
- 质量控制。当工程师们想要测试制造中的产品是否符合规格时，这些测试的成本通常非常高，有时甚至会造成破坏性的影响（如确定抗拉强度），所以无论从实际角度还是经济角度出发，都不可能检测 100% 的部件。

- 临床试验。研究一种试验药物的疗效意味着研究人员需要观察用药组的病人是否比服用安慰剂的另一组病人情况更好。另外，研究人员还需要对药物在市场投放后的疗效做出推断。

以上只是需要使用统计推断来进行知情决策的几个例子。这些显然是比较重要的几个情境。

让我用职业生涯早期的亲身经历来展开对统计推断有可能误入歧途的讨论。我刚参加工作时是一名机械设计工程师，为一家主要生产汽车和卡车引擎盖下应用的压力传感器的大型汽车传感器公司工作。每个班组都能生产出上万个传感器，有的时候一天就能三班倒。每个微小的流程或设备变动，都可能导致重大的质量问题和成本高昂的报废，使得不合格的部件在厂房后堆积如山。质量问题十分严重，很难解决。

在那种情形下，搞清楚微小变动是如何影响产品质量的就尤为关键了。比如，提供某个最终组装所需零件的供应商由于产量扩大而改变了生产流程，使得打印版的某个关键尺寸（比如轴径）发生了一点偏移，尽管偏移后的尺寸仍然"符合规范"，或在直径达标标准允许的限定范围内。那么，这个偏移对整条组装生产线会产生什么影响呢？它会不会使得某个后续阶段的质量保证测试不达标，从而使得整条生产线不合格呢？我们的团队能不能提前知道问题的存在，而不是在一批又一批不合格部件被生产出来之后才知道呢？

我们的质量工程师会进行一组试验（定性试验），他们会从使用新部件的生产线上抽取一部分样本产品来收集数据，然后把这些数据与使用旧部件生产的产品数据进行比较。这里的旧部件指的是供应商在更改生产流程前提供的那些部件。

然后我们就需要进行诸如 T 检验、方差分析、卡方检验之类的"零假设统计检验"了。这些检验都很容易进行计算，但是它们都各有难点，而且其背后的概念也不容易理解，有时候即使是专家也非常容易弄错。

所以这些统计检验是怎么进行的呢？如果你精通统计学的话，下面的内容你早就知道了。但是也不尽然，有可能你也会时不时地弄错，就像我一样。

零假设统计检验的关键部分是"零假设"，代表着被测试的各组没有区别。鉴于从群体中抽取的随机样本不可能总是拥有完全一致的平均值和标准差，检验统计量中出现一些差异是可以预期的。这一部分可预期的差异量该如何与实验中实际观测到的差异量进行比较呢？

假设检验的基础是，假定零假设成立，然后试验者在考虑到样本量、测量得出差异的大小，以及每一组内差异性的同时，试图确定观测到比实际观测的统计量差异还要更大的可能性。这里的"统计量"可以是平均值、标准差等。这个原则与法律上"无罪推定"的原则类似，但是又不完全相同，因为我们不需要"证明"零假设无罪或者有罪。在这里，我们只是做概率上的评估。

但是，以上定义非常拗口，也难怪人们总是搞错。零假设检验的关键输出结果是 p 值。在很多领域中，人们已经写了许多文章来批评 p 值，或者为之辩护。p 值其实就是看到比实验中实际观测到的差异量更大的概率。在假定零假设成立（也就是两组间没有差别）的情况下，p 值既不能证明什么，也不能证伪什么，因为 p 值高不能证明零假设为真，p 值低也不能证明零假设为假。但实际上，人们总是这样理解 p 值并使用它。

关于 p 值，有很多陷阱。

- 仅计算不同组平均值之间的差异，认为看到的任何差异都是统计显著的，完全无视统计概率。我们把这种称为"p 代表什么？陷阱"。
- 仅仅由于偶然因素而得出了一个很低的 p 值，就由此在零假设实际为真的情况下拒绝了零假设，这被称为"第一类陷阱"。也就是说，在两组样本性质相同的情况下，却认为两组间有统计显著的差异。
- 得到一个很高的 p 值意味着你可能陷入"第二类陷阱"，即当零假设为假时却没有拒绝零假设。

- 错误理解了"统计显著"的概念，当你在实验中得到了一个低 p 值，你就宣称你拥有了零假设是大错特错的牢不可破的证据，因为数学告诉你是这样的。我们称这一陷阱为"p 代表着证明，真的是这样吗？"

- 通过检验来收集很多变量的数据，盲目地计算许多对比检验的 p 值，然后，你发现在一大堆的 p 值当中，有几个很低。你不去验证自己的结论，也不去找别人来重复你的分析过程，而只是欣慰地认定自己找到了一个低 p 值，终于可以就此发表文章了。我们称这个陷阱为"p 代表着发表，真的是这样吗？"

- 你搞混了实际显著与统计显著的概念，进行了一项涉及成千上万个病人的临床试验，其中有些人服用了试验药品，而另外一些人服用了安慰剂。对于你的关键变量——寿命，你得到了小于 0.0001 的 p 值，但是你根本没有查看两组病人寿命平均值的实际差别。该差别其实小到可以忽略不计，被试只能多活两天。当然，这个陷阱可以被称为"p 代表着实用性，真的是这样吗？"

以上列举的，只是零假设检验可能让我们陷入的少数几个陷阱。相信这也是很多科学家、研究者和统计学家都呼吁科学界停止使用 p 值，转而使用诸如贝叶斯信息准则（Bayesian Information Criterion）之类的贝叶斯方法的部分原因。

陷阱 4C：狡猾的抽样

在某种程度上，我们都知道我们用来做结论的数据不是完美的。我们知道人类所考虑的一切事情都存在不确定性。从调查问卷结果到临床试验，再到设计桥梁，数据数值上都难免会有误差。我们倾向于忽略这种不确定性，结果使自己和其他人都误入歧途。

我们讲一个贴切的案例：鱼类标签。

关于鱼类标签

2013 年 2 月，一个非营利性组织公布了其海鲜标签欺诈调查的惊人结果："在美国 21 个州的 674 家零售商中抽取的超过 1200 个海鲜产品样本中，有超过 33% 的 DNA 样本与其标签不符。"你可以在该非营利性组织的网站上看到这篇报道。

我第一次听到这项调查的时候，刚刚从纳什维尔的"壁毯会议"（Tapestry Conference）返回西雅图，正在开车去上班的路上。在那年的壁毯会议上，我们在乔纳森·科朗姆（Jonathan Corum）的主题演讲后讨论了不确定性问题，所以这一话题对我来说记忆犹新。

进一步推断

西北公共广播电台（Northwest Public Radio，NPR）对于这一调查是这样评价的（该原文已从其网站上撤回）："西雅图和波特兰是全美在购买标签准确的鱼类产品上做得最好的两个城市。"表面上看，这一评价很有道理。西雅图和波特兰都是沿海城市，有着强劲的捕渔业。当然，它们会比像奥斯汀或者丹佛这样的内陆城市做得更好。该电台在文章中随后说道，鱼类标签的低错误率可能是由于"西雅图的消费者对海鲜产品更为了解"。这可真会夸啊！

因为感兴趣，我打算深入了解一下，所以我在网上找到了调查报告的原文。让我们一起阅读一下这篇报告，来看看西雅图和波特兰到底有没有特别之处。本小节后面的图表都是我自己根据报告中的原始数据绘制而成的。

如果我们只查看各个城市鱼类样本被打上错误标签的总百分比，我们就会发现，西雅图和波特兰确实是表现最好的几个城市之一，同样优秀的还有另一个北美地区的渔业中心——波士顿，如图 5-16 所示。

标签错误的鱼，误导人的条形图

非营利性组织 Oceana 检验了从美国不同城市中抽取的 1200 多个鱼产品样本。
不同的城市间，鱼类标签错误情况有什么不同呢？它们有没有在各个城市抽
取足够的样本量，以研究哪个城市情况好或者哪个城市情况不好呢？

类别

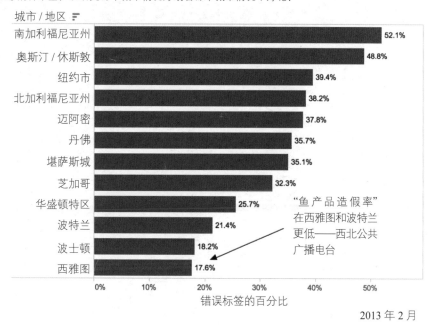

图 5-16　标签错误的鱼，误导人的条形图

数据来源：Oceana.org.

　　破案了，是不是？如果我们得到的数据只有这些，那么我们会和西北公共广播电台
得出同样的结论。但是，这些城市的抽样是否符合这样的结论呢？

　　在调查中，我们发现样本主要来自三类零售商：超市、餐厅和寿司店。图 5-17 是根
据城市和零售商种类进行对比的结果，其中，标签错误的样本用红色条表示，而标签正
确的用蓝色条表示。

根据城市和零售商种类分类的鱼类错误标签

从 2010 年到 2012 年，非营利性组织 Oceana 对美国一些城市的鱼类产品进行了 DNA 检测，并以此判断某一产品的标签是正确还是错误。在 1215 个样品中，超过 33% 的标签是错误的，其中寿司店产品的标签错误情况最为严重。西雅图的情况最好，但是 Oceana 的采样方式真的能用来进行城市之间的比较吗？

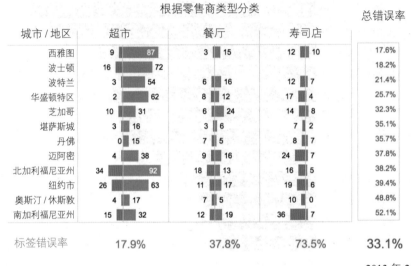

城市 / 地区	超市		餐厅		寿司店		总错误率
西雅图	9	87	3	15	12	10	17.6%
波士顿	16	72					18.2%
波特兰	3	54	6	16	12	7	21.4%
华盛顿特区	2	62	8	12	17	4	25.7%
芝加哥	10	31	6	24	14	8	32.3%
堪萨斯城	3	16	3	6	7	2	35.1%
丹佛	0	15	7	4	8	7	35.7%
迈阿密	4	38	9	16	24	7	37.8%
北加利福尼亚州	34	92	18	13	16	5	38.2%
纽约市	26	63	11	5	19	6	39.4%
奥斯汀 / 休斯敦	4	17	7	5	10	0	48.8%
南加利福尼亚州	15	32	12	19	36	7	52.1%
标签错误率	17.9%		37.8%		73.5%		33.1%

根据零售商类型分类

2013 年 2 月

图 5-17　鱼类的错误标签（根据城市和零售商种类分类）

数据来源：Oceana.org.

　　我注意到的第一个问题就是，对城市和零售商种类进行细分后，其中包括了很多很小的样本。没错，尽管总共有"超过 1200 个"样本，但是为什么其中来自奥斯汀和休斯敦地区餐厅的样本竟然只有 12 个，而来自堪萨斯城寿司店的样本只有 9 个？

　　如果我们查看它们提供的数据就可以看到，寿司店的结果最不令人满意。在所有城市的寿司店中，鱼类错误标签率高达 73%。这其中有些错误标签是由于"外语名称翻译错误"，比如，并不是所有在日本被称为"黄鱼"的鱼类都符合美国食品和药品监督管理局（FDA）的分类标准。

　　但我们注意到的另外一个问题是，在不同城市的寿司店的信息收集数目完全不同。事实上，在波士顿根本没有收集到任何一家寿司店的数据。

分解乱局

　　如图 5-18 所示，我们对每个城市每类零售商的样本集做了一个分解（条形的粗细与标签错误率成正比，也就是说，更粗的条形代表着更高的标签错误率）。

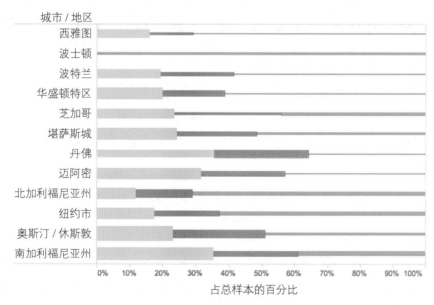

图 5-18　鱼类产品样本

数据来源：Oceana.org.

　　所以，来自西雅图、波特兰和波士顿的寿司店的样本数相对较少。在西雅图的全部样本中，只有 16% 来自寿司店，而相比之下，在南加利福尼亚州的样本中，超过 35% 都来自寿司店。

这个组织在收集 1200 多个样本的过程中，并没有遵循分层抽样的方法。因此，不同城市的鱼类标签错误率并不是在同一基准下进行的比较。这并不意味着它们的调查是毫无意义的，而仅仅意味着比较不同城市之间的总错误率不太可靠。这就像是在比较不同城市人口身高时，在某一城市的样本集中包括了比其他城市都要多的儿童，那么这样的对比就是不公平的。

同类相比

既然我们不能对整体的鱼类标签错误率进行比较，那么我们能不能对各个城市的每个零售商类别下的样本来做比较呢？也就是说，超市对超市，餐厅对餐厅，寿司店对寿司店。

尽管总体上抽取的样本量是比较大的，但当你只查看每个城市的零售商种类的组合时，样本量就变得很小了，所以我们应该在标签错误率上添加误差条。在这个例子中，我们应该添加的是二项分布比例的置信区间。计算这个置信区间有很多不同的方法，但现在让我们先使用在大学里学过的基于正态分布近似的置信区间。在图 5-19 中，我们列举了每个城市的标签错误率，并将不确定性也考虑了进去。

这样的数据可视化所呈现的结论就大不相同了。请注意，并不是所有的城市都被包括在这个图表中。因为对某些城市来说，其样本量不足以满足正态分布近似的条件［也就是 n·p>5 并且 n·(1-p)>5］，所以我把这些城市从图表中删除了。堪萨斯城在三个零售商类别下的样本量都不符合要求（样本量分别是 19、9 和 9），所以完全没有被包括进去。

添加了误差条的鱼类错误标签率

将置信区间考虑在内以后，即便是根据零售商种类分类，我们也显然不能对哪个城市更好或者更差做出评判。

置信区间　　　　零售商种类
0.95　　▼　　　寿司店　　▼

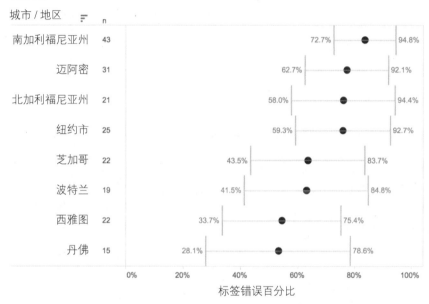

标签错误百分比

2013 年 2 月

图 5-19　鱼类错误标签率（添加了误差条）

数据来源：Oceana.org.

那么，我们针对不同的城市到底能得出什么结论呢？以下是我们根据 95% 的置信区间可以（或者不可以）得出的结论（此处忽略不同地区鱼类样本种类的不同）：

- 我们没有掌握足够的证据来论证哪个城市在寿司店贴错标签上做得更好或更差；
- 芝加哥餐厅的鱼类标签错误率低于北加利福尼亚州餐厅的概率更高；
- 西雅图超市的鱼类标签错误率低于加利福尼亚州（南北加州均包括在内）以及纽约市超市的概率更高。

所以，有些城市之间还是可以进行比较的，只不过并没有很多。最终，西雅图市民可以欣慰地得知，在他们的超市里，鱼类标签大概比加利福尼亚州和纽约市的标签要更准确，而这有可能是因为他们对鱼类产品更为了解。

如果这个非营利性组织的统计检验可信并且能够被复制的话，那么它们的确揭露了美国鱼类市场中广泛存在的乱贴标签的问题——这一点是不可否认的。但是，它们在报道这个事件的过程中，做出了推断上的大跃进。用统计学的标准来检查它们的数据，我们就能够对调查中的发现做出更准确的表述。

的确，这样做比仅仅计算总体的标签错误率，然后画在地图上或者条形图上要更加费力。而且，不确定性也会非常烦人。但如果我们根本不了解采样方式和置信区间会如何影响我们做出概率上的结论，那么我们就会陷入陷阱，坑了自己，也坑了别人。

接受不确定性可能意味着真相与谎言之间的区别，而我们不希望得到任何像鱼类标签这样的可疑结果，不是吗？

陷阱 4D：对样本量不敏感

如果你从事数据工作，却还没有看过诺贝尔经济学奖得主丹尼尔·卡尼曼（Daniel Kahneman）的著作《思考，快与慢》（*Thinking, Fast and Slow*），我强烈建议你去看一看。这是一本非常吸引人的关于决策过程中的认知偏见和启发式方法（经验法则）的书。在书中，他提到了霍华德·维纳（Howard Wainer）和哈里斯·L.泽维林（Harris L. Zwerling）的一篇关于肾癌发病率的文章。

肾癌是一种不太常见的癌症，在新增成人癌症中仅占 4%。根据美国癌症协会的估计，2019 年全美将有 1 762 450 例新增癌症病例，其中 73 280 例将会是肾脏或泌尿系统癌症。如果你查看美国各个县的肾癌发病率数据，会发现一个有趣的规律，就如他的书中所说的那样：

肾癌病例数最少的县大多位于人口稀少的乡村，并且主要位于中西部、南部和西部的共和党主导州。

对此你有什么想法？作者在书中接下来列举了人们对这一现象做出的种种解释，比如乡村居民可以吃到更新鲜的食物或者呼吸到更清新的空气。你也想到了这些解释吗？作者接下来又指出：

现在来看看那些肾癌病例数最高的县。这些深受其害的县，大多也是位于人口稀少的乡村，并且主要位于中西部、南部和西部的共和党主导州。

同样，人们对此也提出了不少的其他解释：乡村地区的县通常贫困率更高，居民脂肪饮食率更高，或者缺医少药。

但是，等等——这是怎么回事？乡村地区的县既有最高的肾癌发病率，也有最低的肾癌发病率？这是为什么？

这是一个被称作"对样本量不敏感"的偏差的典型案例。它一般是这样的：当我们处理数据的时候，在考虑概率问题时，我们很容易想不起来样本量的问题。这些乡村地区的县通常人口相对稀少，所以它们就更可能有很高或者很低的发病率。为什么会这样？因为平均值的方差与样本量成正比。样本量越小，方差就越大。当然，如果你感兴趣的话，这个结论是有数学证明的。

其他案例

"对样本量不敏感"还会在其他哪些情景下发生呢？一个有趣的例子是体育中"连胜"的现象，而所谓的"连胜"可能只是"聚类错觉"（clustering illusion）。这是怎么回事呢？我们观察到了一位运动员整体表现的有限样本，并注意到其中包含了一段暂时性的杰出表现。但是，即便是那些平庸的运动员，我们也可能观察到这样的连胜现象。还记得"林疯狂"（Linsanity）吗？

与此类似，在赌博中，小样本会使一些人暴富，也会使一些人破产。你在赌桌上可能会一日风光，但如果你一直玩下去，最终还会是庄家获胜。

所以我们该怎样做呢？我们该如何确保自己不会陷入这个"对样本量不敏感"的陷阱呢？

- 要注意到我们所分析的数据集中的一切抽样问题。
- 要理解样本量越小，某个比率或统计量就越有可能显著偏离总体。
- 在形成关于某个特定样本为何以某种方式偏离总体水平的解释前，先想到这可能是因为噪声或偶然。
- 对不同规模的分组计算出来的比率或统计量用散点图进行可视化。如果你看到了那个经典的漏斗形状，那你就知道这里该多加留意了。

维纳和泽维林在他们的文章中指出，规模更小的学校更容易产生极端的考试分数，因为在这些小学校中没有足够多的学生来"稳定住"平均分数。随便几个表现特别好（或者特别差）的学生就能拉高（或者拉低）全校的平均分。在一所很大的学校里，出现几个低分也会拉低平均分，但不会拉低得那么多。

我们也可以用另外一种方式来思考这个问题。洛斯特斯普林斯（Lost Springs）镇是怀俄明州的一个小镇，全镇人口仅为 1 人，如图 5–20 所示。如果丹尼尔·卡尼曼搬去了怀俄明州的洛斯特斯普林斯镇，那么全镇就有一半人口将会是诺贝尔奖得主。假如你就此认为，搬去这个小镇会增加你获得诺贝尔奖的概率，或者说这个小镇人杰地灵，那么你就犯了"对样本量不敏感"的严重错误。

图 5-21　位于怀俄明州洛斯特斯普林斯镇的路牌

图片来源：维基共享资源（公共领域资源）。

　　以上所述，只是"统计疏忽"这类令人生厌却很容易陷入的陷阱中的几个代表。关于这个话题，有人甚至写了整整一本书，而这一章的内容也不算完整，但我就先写到这里了。接下来，让我们继续讨论其他值得考虑的话题。

陷阱 5:
分析偏差

How to Steer Clear of Common Blunders
When Working with Data
and Presenting Analysis
and Visualizations

数据是用来增强直觉的工具。

希拉里·梅森（Hilary Mason）

我们如何对数据进行分析

对数据进行收集的目的是什么呢？在我来看，人们至少出于三种可识别的原因来收集和存储数据。第一个原因是他们想建立一个证据库来证明自己的观点或捍卫已经开始的议程。由于显而易见的原因，这条道路上充满荆棘，但我们却发现自己时常在这条路上前行。

第二个原因是他们希望将这些数据输入到人工智能的算法中，以便可以自动化地完成某些过程或者执行某些任务。这个目的包括了一系列我还未能列入本书的活动，但它也充满了一个又一个的陷阱，而我希望在将来的某个时候可以写一下。

第三个原因是他们可能正在收集数据，以便汇总信息来帮助他们更好地了解自己的处境，回答他们脑海中的问题，并发掘他们此前未曾想到要提出的新问题。

而最后这个目的就是我们所谓的数据分析。

陷阱 5A：错误地认为直觉和分析相互对立

几年前，我看到了一个商业智能软件的电视广告，在视频中一位接受采访的客户说了下面的话：

我们曾经使用直觉，现在我们使用分析。

换句话说，我们被要求相信企业所有者可以将使用直觉的决策替换为使用分析的决策，从而取得进步。

我不是很认同这个观点，所以立即发布了如下的推文：

软件广告："我们曾经使用直觉，现在我们使用分析。"这个心态是错误的。一方应当只是另一方的补充，而不是其替代品。

在商业智能行业工作了这么多年，我听到过许多从不同方面对人类直觉的质疑，而我从根本上就不认同这样的想法。简单来说，我对这个话题的感觉就是，在充满数据的世界中，人类的直觉实际上比以往任何时候都更有价值。简而言之，人类直觉才是让分析引擎发动的火花塞。

▌直觉并不总是一个代名词

如图 6-1 所示，将广告对人类直觉的消极态度与阿尔伯特·爱因斯坦颇为乐观的评估相比较。

唯一真正有价值
的东西是直觉。

——阿尔伯特·爱因斯坦

图 6-1　阿尔伯特·爱因斯坦

毫无疑问，很难提出比这句话更积极的关于直觉的说法了。

所以，人类的直觉到底是什么？它到底是一种错误且过时的决策工具，迫切需要用更好的东西来代替，还是说它才是唯一有价值的东西？

在继续往下探讨之前，我们应该先对术语进行定义。《牛津英语词典》中对直觉的定义如下：

无须有意识的推理，就可以立即理解某些内容的能力。

直觉的英文"Intuition"来自拉丁语词根"intueri"，意为注视或凝视。所以，这个词的词源将其与人类的视觉系统联系了起来。视觉和直觉都是瞬间产生且毫不费力的，两者都可能会误导他人，我们会在稍后更详细地来介绍这个部分。凭直觉，正如凭视觉一样，意识会先于任何逻辑解释出现。

直觉和视觉之间的联系通常是非常直白的。在社交场合，当我们第一次注视别人的面部表情时，就能直观地感受到他们的情绪，如图 6-2 所示。

图6-2　面部表情

　　通过数据的抽象表达，我们可以直观地发现某些具备不寻常属性的标记——我们不用进行思考就能注意到它们。这些属性被我们称为"前注意"（preattentive）属性。注意到这些前注意属性并不费力，它们就好像发生在我们身上一样。图6-3中显示了同一散点图的两个不同版本，图中绘制了在北美职业冰球联盟中，以职业生涯中的射正和进球次数①为标准，得分最高的球员。

――――――――――――――

① 统计中只包括在射正次数被纳入数据统计后的球员。

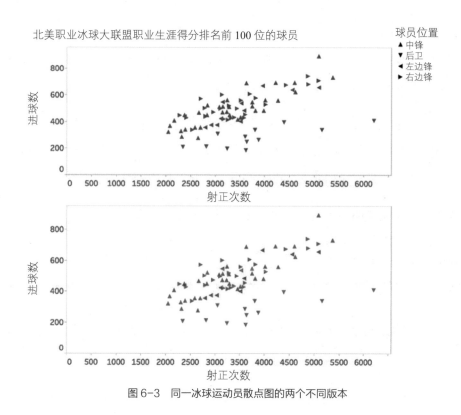

北美职业冰球大联盟职业生涯得分排名前 100 位的球员

球员位置
▲ 中锋
▼ 后卫
◄ 左边锋
► 右边锋

图 6-3 同一冰球运动员散点图的两个不同版本

　　散点图中的形状由球员在场上所处的位置来决定。如果我想确定视图中有多少名左边锋球员（用指向左边的箭头或三角表示），使用图上方的版本将会非常耗时，而且很容易出错。在这个版本中，我需要仔细查看形状，找到每个向左的箭头并牢记其位置，来避免重复计算和出现遗漏。而如果使用图下方的版本，回答这个问题就变得简单多了，并且我可以非常确定这个问题的答案是 12。

　　所以，当我们阅读图表时，我们直觉中的一部分也会参与其中。与此类似，在特定情况下，我们对于正在发生的事情及其原因，以及未来将要发生的事和我们现在应当采取的措施会感到充满信心。这就是通常我们所说的，一个人对于某个特定领域有着超强的直觉。

直觉通常与理性做对比，理性指的是"思维通过逻辑过程来进行思考、理解和形成判断的能力"，而逻辑又涉及"严格的有效性原则"。分析则指的是"通过对数据或统计数字进行系统分析得出的信息"。

为了在工作和生活中做出最佳决策，我们需要熟悉包括直觉在内的多种不同形式的思维，并知道如何对不同类型的输入信息进行整合，包括数值型数据和统计学（分析）。直觉和分析就不应该被看作相互对立的，实际上，它们可以被认为是互补的。

我来举些例子来说明一下直觉是如何为分析过程提供火花的。

直觉依然很重要的五个原因

1. 弄清楚为什么（Why）重要

任何流程几乎都包括了多个可以跟踪和分析的变量。我们应该把时间花在其中哪些上面呢？

知道从哪里开始入手很可能会是一个问题，尤其是当我们对所处理的主题知之甚少时。

其中一个学派的想法是这样的：收集一切数据，然后让算法来分辨哪些信息需要注意。

抱歉，我不接受这样的观点。

首先，即使是美国国家安全局（NSA）也不会收集"一切"数据。我可以向你保证，肯定有某个筛选器被用来缩小输入的范围。

其次，虽然数据挖掘算法可以在海量数据集中发现值得注意的模式，但只有人类的直觉才能分辨出有用的模式和无用的模式。他们会从我们的目标和价值观中提取到底什么才是所谓的"有用"。

2. 知道数据在告诉我们什么（What）（或没有告诉我们什么）

一旦我们选定需要收集的数据和分析的指标，那这些数据会告诉我们什么呢？通过前面的数据可视化部分，我们简要讨论了前注意属性，而我们的直觉可以很好地被用来解读我们精心构建的数据库中的重要内容。

不过这种使用直觉的方式在流程上并不完美。就像我们也许会远离花园中的软管一样，因为直觉告诉我们这是一条蛇，我们会看到数据中实际上并不存在的信号。另外，我们可能会错过其中真正重要的信号。尽管直觉可能无法完美发挥作用，但这不意味着就该放弃它。我们只需要磨炼使用数字的直觉，并且在一定程度上对它保持怀疑。

3. 知道下一步要去哪里（Where）

第一个发明脊髓灰质炎疫苗的美国医学研究员乔纳斯·索尔克（Jonas Salk）在他所著的《现实的剖析：直觉与理性的融合》（*Anatomy of Reality*：*Merging of Intuition and Reason*）一书中对直觉做出了如下说明：

直觉会告诉思考者下一步要去哪里。

他的发明挽救了世界上无数人的生命，而他将其成功的重要因素归结于直觉。与数据进行交互的最佳结果通常是，我们感觉到能够提出另一个更好的问题，并且这个过程会不断地重复迭代。对下一步的恍然大悟就像直觉的火花在我们脑海中闪现，就像电灯发明一样。

4. 知道何时（When）停止并采取行动

对于许多类型的问题，我们可以不厌其烦地去寻找解决方案。想一想国际象棋游戏。在对弈中的某个特定时刻要采取的"最佳移动"是什么？俄罗斯国际象棋大师加里·卡斯帕罗夫（Garry Kasparov）在其所著的《棋与人生》（*How Life Imitates Chess*）一书中谈到了他对这个问题的理解，如图 6–4 所示。

有个东西会告诉你收益递减法则从什么时候开始生效，它就是直觉。

——加里·卡斯帕罗夫

图 6-4　加里·卡斯帕罗夫所著的《棋与人生》一书中的引言

存在一个时间点，而这个时间点就是停止分析并进行移动的最佳时刻。直觉的作用就是让我们知道何时到达这一时刻。如果没有这种直觉的转换，我们就会遭受"分析瘫痪"的困扰，并最终徒劳无功。我们都曾经历过这样的痛苦。卡斯帕罗夫接着说道：

我们通常认为具有优势的事情——拥有更多的时间来思考和分析，拥有更多的信息供我们使用——会让更重要的事情（即我们的直觉）短路。

5. 知道是谁（Who）需要听，以及如何（How）与他们沟通

数据发现过程的一个关键部分是与他人交流我们的发现。我们可以凭直觉来选择最佳的信息、渠道、地点、可视化类型、美学元素、时间、语气和节奏等。如果我们对听众有深刻的了解，就能凭直觉知道要如何与他们沟通，以及什么会让他们充耳不闻。如果我们做对了，那真是见证奇迹的时刻。想想汉斯·罗斯林（Hans Rosling）。

汉斯·罗斯林是谁？他是已故瑞典医师、世界卫生统计学家，也是 Gapminder 基金会的联合创始人。他发表的题为"你所见过的最好的统计学"（The best stats you've ever seen）的 TED 演讲迄今为止已被浏览了超过 1350 万次。在演讲中，他让数据变得栩栩如生，以很多人见所未见的方式来呈现统计数据。他用动画气泡图消除了许多有关世界健康和发展状况的神话，激情澎湃地在屏幕前描述了各个国家圆圈的移动情况。他更像是一名在解说一场赛马比赛的体育主持人，而不是一位在描述统计趋势的学者。

2016 年，我有幸在西雅图举办的一个软件峰会上见到了罗斯林博士，他在会上发表了有关世界人口面貌变化的主题演讲。你知道他用什么来预测按年龄段划分的人口增长吗？当然是厕纸啦。我职业生涯中的高光时刻，就是去当地药店给罗斯林买厕纸。从那之后，我就开始走下坡路了。哎，人哪！

精心设计沟通是一个创新的过程，需要挖掘人类的直觉才能把它做好。罗斯林很清楚这一点。

所以，现在你明白了，数据不仅不能取代直觉并让它变得无关紧要，刚好相反，直觉实际上会赋予数据价值。如果没有直觉，你就失去了原因（Why）、对象（What）、地点（Where）、时间（When）、人员（Who）和方法（How）。当然，数据可能是"新型燃料"，但人类的直觉才是点燃发动机中燃料的火花塞。

由于上述原因，我相信人类的直觉永远不会过时。无论我们的算法多么精妙、我们的工具或方法多么复杂，我们脑海中直觉的"火花"始终是思维、决策和探索中的关键要素。数据和分析可能是被这些火花点燃的燃料，它们可以提供一种方式来确保我们朝着正确的方向前进，但它们不能取代人类的直觉。至少不是以我能理解的方式。

我不认为广告的创作者一定会反对这种观点，所以这很可能会归结为语义问题。也许商业广告中的企业主应该说："我们过去只依靠直觉，现在我们将其与分析相结合来做出更好的决策。"我知道，这样听起来就没那么活泼了，但至少直觉不会因此被抛弃。

陷阱 5B：浮夸的外推

尽管数据分析通常主要关注的是了解过去发生的事情，但人们经常将分析视为用数据对未来进行决策的工具和技术的应用。这当中包括预测接下来会发生什么，我们所采取的行动以及所做出的改变会如何影响未来的趋势。

然而，预测未来将要发生的事情是一种冒险，而预测的分析过程也充满了各种危险和陷阱。这并不是说我们不该尝试，而是说我们应当在全力开启探测陷阱雷达的同时，保持谦卑和幽默感。这会有助于了解我们在大部分情况下都非常不准确的数据驱动预测。看到我们自己和其他人频繁的犯错，对我们来说也是有益的提醒。

让我们来考虑一下在外推未来趋势时遇到的问题。我们的世界在过去的半个世纪里发生了变化，其中很显著的变化之一是，每个国家现在出生的人的预期寿命比 20 世纪60 年代出生的那些人要更长。

例如，如果我们看一下朝鲜和韩国在 20 世纪 60 年代和 70 年代出生人口的预期寿命，就会发现其预期寿命大约为 50 岁到 60 多岁。也就是说，1960 年在朝鲜半岛这两个地区出生的人口预计可以活到 50 岁左右，而 15 年之后在这两个地区出生的人口预计可以活到 65 岁左右，如图 6–5 所示。

我将其称为"非常稳定的增长"，因为这两个国家的线性回归趋势线（图中所示虚线）的 p 值都小于 0.0001，而决定系数 R^2 大于 0.95，这意味着 y 值（预期寿命）中观察到的变动很大一部分是来自变量 x（年份）的变化。换句话说，使各个数据点与该线之间垂直距离最小的一条直线几乎穿过了其中所有的点。

换个更简单的说法呢？每个系列的数据点实际上接近形成一条直线。

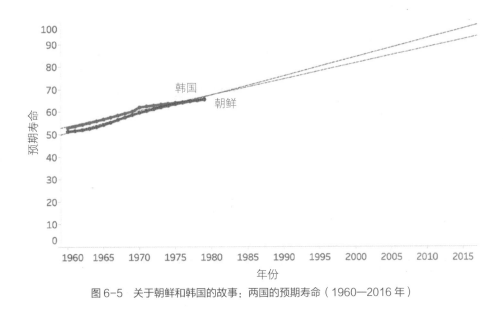

图 6-5　关于朝鲜和韩国的故事：两国的预期寿命（1960—2016 年）

　　如果有人在 1980 年仅依靠这个 20 年时间序列的线性属性来预测 35 年后出生的朝鲜人和韩国人的预期寿命，那么他们将得出：在 2015 年，朝鲜人的预期寿命是 96 岁，而韩国人的预期寿命是 92 岁。

　　当然，我们看到的实际情况并不是这样，而这也不会太令人感到惊讶。原因很明显。首先，我们可以推断，尽管人类这个物种的预期寿命可能会在某段时间内呈线性增长，但它不会无限地以相同的速度持续增长下去。数据将开始达到自然的极限，因为人类不会长生不老。那上限究竟在哪儿呢？没有人确切知道。但如果我们把这个时间轴扩展到 21 世纪末，在朝鲜半岛出生的人预计可以活到大约 170 岁。这明显不太可能，而且也没有人这么说。

　　但这不是 20 世纪 80 年代人们的预测错得离谱的唯一原因。看看过去 35 年间实际趋势线的表现，我们可以看到韩国的预期寿命大约为 82 岁，而朝鲜的预期寿命约为 71 岁，如图 6-6 所示。

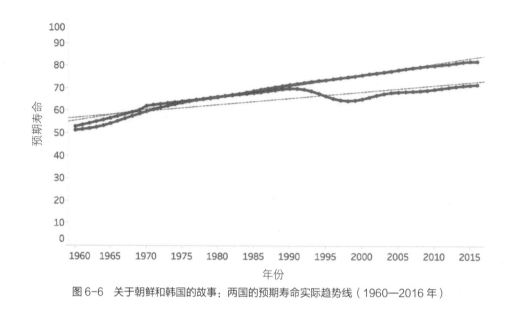

图 6-6　关于朝鲜和韩国的故事：两国的预期寿命实际趋势线（1960—2016 年）

虽然在韩国出生的人的预期寿命以高度线性的方式持续增加（R^2 = 0.986），但我们可以看到，随着接近某个未知的渐近线，它开始向下弯曲并呈现出预期中的非线性形状。

而朝鲜的情况却大不相同。朝鲜半岛北部发生了非常明显的变化——在 20 世纪 90 年代，朝鲜人民因粮食供应不足以及无法获得其他关键资源而苦苦挣扎，预期寿命实际上反而下降了 5 岁。也许 1980 年出生的一些人有理由担心朝鲜的发展状况，但他们又该如何把这些知识纳入到他们的预测中呢？

有时候，预测的效果会很好。以巴西为例，自 1960 年以来，预期寿命的增长一直是高度线性的。用线性方式外推 1960 年至 1975 年的预期寿命趋势，我们的预测是：到 2015 年，巴西的预期寿命约为 79 岁。而 2015 年，巴西出生人口的实际预期寿命为 75 岁。

虽然并没有诺查丹玛斯 ① 那样的预言水平，但也没有那么糟糕。

不过在其他时候，预测的效果却完全不尽如人意。以中国为例，从 1975 年开始的线性外推将得出一个荒谬且不太可能的预测：到 2015 年，中国出生人口的预期寿命为 126 岁。当然，20 世纪 60 年代预期寿命的急剧增长并没有在 20 世纪下半叶持续，而 2015 年中国出生人口的预期寿命为 76 岁，如图 6-7 所示。

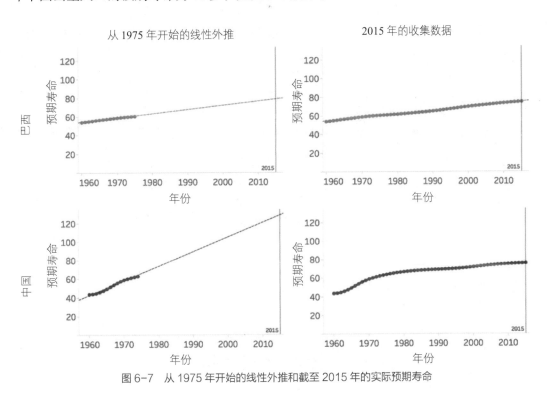

图 6-7　从 1975 年开始的线性外推和截至 2015 年的实际预期寿命

中国预期寿命的例子让我们意识到，在用方程对经验数据进行拟合时，需要倍加注意。我们通常会用许多不同的数学模型来拟合一个数据序列，然后采用拟合结果最接近

---

① 诺查丹玛斯是法国籍犹太裔预言家，曾留下以四行体诗写成的预言集《百诗集》，有研究者从这些短诗中"看到"对不少历史事件（如法国大革命、希特勒之崛起）及重要发明（如飞机、原子弹）的预言。——译者注

或确定系数最接近 1.0 的模型，而不去考虑该模型的潜在意义。

中国预期寿命在 20 世纪 60 年代至 70 年代初所呈现的接近 "S" 形的曲线，刚好和一个多项式方程非常接近。以多项式曲线来拟合数据可以得到 0.999 899 的确定系数 R^2。数据和完美的多项式方程是如此接近，真是太了不起了。实际上，我对这样的数据究竟是如何得出的非常好奇。

让我们暂时搁置一下这个问题，来看看如图 6-8 所示的曲线，放大后可以更详细地看到形状和模型。

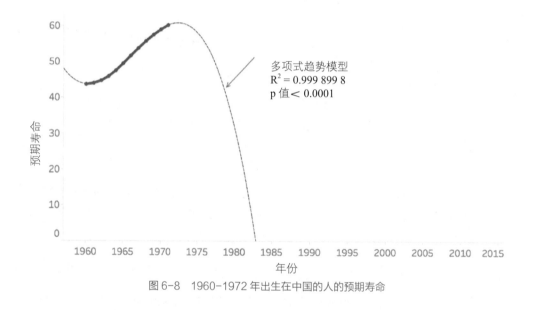

图 6-8　1960-1972 年出生在中国的人的预期寿命

不用多聪明就可以得出结论，对未来预期寿命来说，这个模型比线性模型更没有意义。它得出了一个完全荒谬的预测：预期寿命在大约 15 年后会跌至 0，甚至变为负数。

实际上，当一个与数据拟合度非常高的模型变得非常离谱时，对我们来说是很幸运的。这就像道路上有一个陷阱，但是在它前面有一个巨大的警告标志，上面还闪烁着明亮的警示灯。如果我们陷入了这样的陷阱，那一定是我们太过疏忽了。

这是一个有趣的练习，可以将虚构的、不知情的分析师在过去进行的假设外推与实际结果进行比较。在这种情况下，我们可以得益于后续的数据点来了解外推法是如何在某些国家 / 地区比在其他国家 / 地区有着更高准确性的。

有些时候，我们并不是基于现有的数据点来向外扩展进行预测，而是寻找在它们之间的规律。这也是下一部分的内容，我们将介绍插值。

陷阱 5C：欠考虑的插值

任何对时间序列数据的收集都会涉及关于采样率（即在给定的单位时间内所收集的样本数量）的决定。它通常会在信号处理和声波中用到，比率以千赫兹（kHz）或每秒数千个采样来衡量，不过这也是任何基于时间的数据集中都要考虑的一个相关因素。要多久收集一次数据呢？连续的测量之间需要间隔多长时间？当我们对数据进行分析或可视化时，我们需要以怎样的颗粒度来进行查询？

让我们继续使用相同的世界银行预期寿命的数据集来说明这种选择对宏观规模——处理每年数据的影响。

斜率图是一种对随时间产生的变化进行可视化的常见方法。通过斜率图，我们可以用一条直线简单地将某个时间段内的数据与未来某个时间段内的数据相连接。如果我们选择七个特定的国家并创建一个斜率图，以显示每个国家在 2015 年相比 1960 年预期寿命的增加程度，我们将得到如图 6-9 所示的可视化效果。

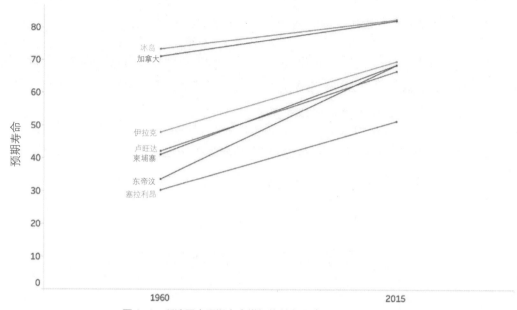

图 6-9　所选国家预期寿命增加的斜率图（1960—2015 年）

如果你停下来想一想就会发现，我们刚刚创建了无数个全新的虚构数据点——位于这两个值之间的直线上的点的个数是无限的。我们在这个过程中的主要收获是什么呢？所有国家从 1960 年到 2015 年的预期寿命都有所增加。顺便提一句，这样说并没有错。这是一个简单的事实。

但这个结论远谈不上全面。

让我们看看当我们将这两个年份之间的数值——也就是当超过半个世纪的预期寿命数据添加进去会发生什么。故事会发生怎样的变化？如图 6-10 所示。

这个可视化视图讲述了一个完全不同的故事，不是吗？图中不再缺失在柬埔寨、东帝汶、塞拉利昂和卢旺达那些不幸的战争时期。的确，在所呈现的 55 年间，这些国家的预期寿命都急剧增加，但它们必须要克服大规模的流血冲突才能实现这些。在我出生那年，也就是 1977 年和 1978 年的时候，柬埔寨的预期寿命降到了 20 岁以下。斜率图由于完全忽略了这个故事而致使结论谬以千里。它并没有告诉我们完整的情况。

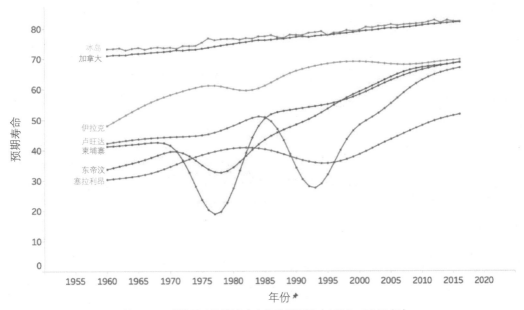

图 6-10　所选国家预期寿命变化的时间线（1960—2015 年）

伊拉克也是一个有趣的案例。斜率图中所缺少的故事是，自 20 世纪 90 年代中期以来，该国的预期寿命几乎没有增加。1995 年出生于伊拉克的婴儿预计可以活到 68 或 69 岁，而 2015 年出生于伊拉克的婴儿也是如此。预期寿命停滞了 20 年，但是你在斜率图中是无法看到这一点的。

最后，在加拿大和冰岛之间是个技术性的比较，但同样有趣。在斜率图中，这两个国家看起来或多或少地彼此追随，而它们也的确如此。但如果你去比较它们在整个时间轴上的表现，就会发现冰岛的线有些波动，有很多逐年之间的小波动，而加拿大的线则要平滑得多。这是为什么呢？我不太确定，但我可以推测，这与每个国家每年预测和报告预期寿命的方式有关，而且可能也跟每个国家的人口数量有关。显然，它们有不同的程序、不同的计算和估计的方式，以及不同的方法。

这重要吗？也许重要，也许不重要。这取决于你用该数据进行比较的类型。值得注意的是，每个国家的时间序列显然有多种计算方法。我在这里强调的要点是，当我们选择一个低采样率时，我们可能会完全错过这一点。

让我们来考虑一个在现实世界中处理时间序列数据的不同示例，该示例尝试预测一个高度波动的经济变量——失业率。

陷阱 5D：不靠谱的预测

每年 2 月份，美国劳工统计局（U.S. Bureau of Labor Statistics）都会发布前一年的平均失业率（未经季节性调整）。历史记录得以被保存，所以你能看到可以追溯至 1947 年的年度失业率。

而差不多刚好在同一时间发生的另外一件事是，美国行政管理和预算局（Office of Management and Budget，OMB）也会公布它们对包括失业率在内的诸多经济指标的预测。该预测涵盖当前年度以及未来 10 年的情况。

此外，奥巴马政府保留并公布了之前曾发布的所有预测记录，这些记录可以追溯到 1975 年的福特政府时期。在 1997 财年比尔·克林顿的总统任期内，该预测的时间范围从 5 年变成了 10 年。

所以，这为我们提供了一个有趣的机会，可以将历届政府预测的失业率与实际结果相匹配。如图 6–11 所示，黑线代表实际的年平均失业率，蓝线和红线分别代表了民主党和共和党总统的预测。垂直的细线表示每位总统四年或八年的任期。

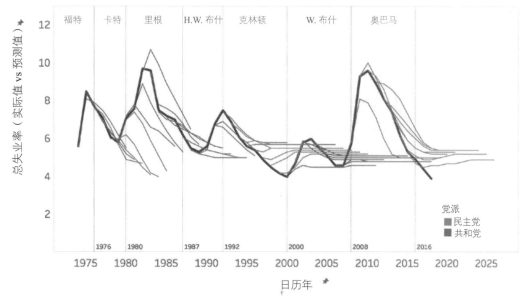

图 6-11　不同总统政府的行政管理和预算局对失业率的预测

这张图告诉了我们什么呢？它相当清楚地表明，无论实际的失业状况如何——不管是上升还是下降，每位总统的智囊团都会预测年平均失业率将回到 5% 左右的水平。当然，失业率会随经济波动而变化，因此，像 2008 财年 W. 布什团队或 1998 财年克林顿团队所做的那样，预测整个 10 年的失业率都几乎完全稳定是不现实的。

不过，大多数总统却都是这么做的。他们预测失业率将很快回到 4%~6% 的范围。

当 2009 年实际失业率飙升时，以前的那些预测（包括在飙升前最近一两年发布的预测）能预料到上升趋势吗？当然不能。你能想象这会带来怎样的轩然大波吗？"尽管失业率创历史新低，但总统的智囊团仍预测失业率将会在两年后迅速上升。"这里有一个对上一张图表进行高亮显示的版本，其中显示了实际的失业情况以及 W. 布什总统在 2008 财年敷衍了事的预测，如图 6-12 所示。

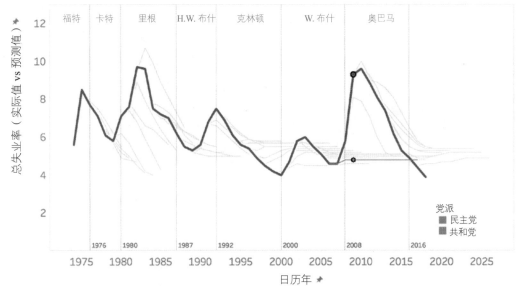

图 6-12 失业率的预测（实际失业率高亮显示）

此时你可能会说："本，政治家认为的即将发生的事情，和他（或她）希望告知公众的即将发生的事情之间，存在着巨大差异。"我同意这一点。我们并不是在这里指责他们不真诚，但我确实认为，总统继续公布这样虚构的内容是件很有趣的事情。而且，我确实认为一个对"事情即将回到正常水平"的年度预测都能得到关注真的是"非常有趣"。

实打实的预测是存在的，而对于有些事情，我们也会自欺欺人。我觉得我们在这里碰到的究竟是哪种，已经很明显了。

陷阱 5E：不过脑子的衡量指标

很明显，预期寿命和失业率是相对比较重要的指标，它们可能会引起混淆并带来争议，但持续记录人们的寿命以及有多少人失业却完全没有任何争议。不过，并非所有指标都是如此。

在我们所生活的世界中，数据在很多方面被用来衡量和比较人类。我们从很小的时候就开始习惯通过数字被学校系统跟踪、评分、评估并最终评判。这种情况通常会一直持续到我们的成年生活，如销售代表根据配额绩效进行排名、员工们得到年度绩效评估、作者和教授在网上被评分，等等。

这些数字可能与不同种类的事物有关，例如：

- 它们可能是基于我们的活动程度——我们做了多少事情？
- 它们可能是基于他人的主观意见——某人或某些人对我们的看法是什么？
- 它们可能是结果、绩效或产出的客观衡量指标——我们努力后的结果是什么？

无论指标是什么，高成就者和竞争力强的人都会对不良绩效分数的消息做出非常强烈的反应。这一事实在 2018 年 NBA 季后赛中得到了体现，当时正效力于克利夫兰骑士队的勒布朗·詹姆斯（LeBron James）被一位体育记者告知，在与波士顿凯尔特人队对阵的东部决赛的系列赛中，他是所有上场球员中平均速度最慢的。这一指标是基于该联赛相对较新的球员跟踪系统获得的。

最好的球员真的是最慢的吗

如果我们对球员跟踪系统的准确性足够信任的话，那至少从技术上来说，这名记者是正确的。实际的情况比只查看东部决赛系列赛的数据更糟糕。尽管詹姆斯如此出色，但实际上，他与在当年季后赛中球员追踪系统启动后所记录的 60 名参加了 8 场及以上比赛的球员中的另一位，并列最后一名。

那么，詹姆斯对这个信息会做何反应呢？

那是我听过的最愚蠢的话！那个破跟踪系统可以滚远点了。我是最慢的球员？这简直就是胡扯。

所以，很显然，他不喜欢它。而且，他还继续喋喋不休地说道：

告诉他们去跟踪赛后的我有多累，去统计这个。我在赛后的疲劳程度在整个 NBA 里绝对排第一。

过度抗议

我觉得最有趣的是，詹姆斯并没有按照我认为最明显的路线来提出抗议，也就是表明他遥遥领先的联赛得分统计、异常出色的效率和赛事影响力指标，或者他所在的球队截至目前的出色表现。如果按照我的想法，抗议的点就会是，为何使用活动指标（activity metric，他在场上跑得多快）来取代输出指标（output metric，他帮团队获胜的贡献值）。

他完全可以笑着说："想想看如果我真的很努力地在跑会怎样呢？"然而他没有，他对这个似乎在暗示他没有努力的指标感到意外。他完全在以别的概念，即他在比赛后感到多么疲倦来抵消这种暗示。

平均速度是不是虚假的指标

那么，使用这个特定指标来跟踪篮球运动员的表现是不是"愚蠢"的呢？比赛过程中的平均速度能否很好地表明球员对比赛结果的贡献呢？也许并不能。

不过，是否有更好的办法来衡量球员对比赛的实际影响呢？事实证明，有很多不同的方式来衡量这一点。一种有趣的衡量球员贡献的方法是使用 PIE 值——球员贡献度（Player Impact Estimate），旨在衡量"一位球员整体在统计上的贡献与他们所参加的比赛的总统计量之间的比率"，或者"简而言之，PIE 值显示的是球员或球队在完成比赛事件中所占据的百分比"。

当然，没有人会因为詹姆斯在当年季后赛中拥有所有球员中最高的 PIE 值，令其他人都难以望其项背而感到惊讶。在 2018 年 NBA 季后赛中，詹姆斯参与了比赛事件中的 23.4%。紧随其后的是印第安纳步行者队的维克多·奥拉迪波（Victor Oladipo），其 PIE 值为 19.3。

那么平均速度与 PIE 值之间的关系是什么呢？如果詹姆斯在前者中排名最后，而在后者中排名第一，那么我们可以猜测这两者之间没有很强的正相关性。而我们也猜对了。如果我们将平均速度与 PIE 值相关联，就会发现它们之间的相关性非常弱，确定系数 R^2 仅为 0.056，如图 6–13 所示。

有趣的是，詹姆斯位于这张图的最左上角。与其他球员相比，他的平均速度较低但其球员贡献度很高。事实证明，处于左上象限的他表现非常出色，而其余 12 名 2018 年的全明星球员中，有 10 人也位于这个区域。看来最好的球员似乎并不需要在整场比赛中都跑得很快。

将这个例子中的经验教训与分析师在公司内呈现绩效得分的方式相比较会非常有意思。分析师应该在与利益相关方分享绩效指标前，寻求他们的认同。人们倾向于非常主观地评估他们的努力和表现。我知道我也这样。也许我们放松一点也会做得很好，不过这毕竟是人的天性。

我们还应注意将重点放在有意义的指标上。如果一项指标无关紧要，我们就不应该用它来衡量绩效。活动和意见类的指标是其中一方面，但相对于产出或绩效分数，它们始终应该是次要的。仅考量人们完成某项活动的数量，只会提醒他们增加该特定活动的数量；仅衡量别人对他们的认可程度，就会导致他们拉帮结派。我们都希望为一支成功的团队做出贡献，而我们的个人绩效指标应当反映出这一点。

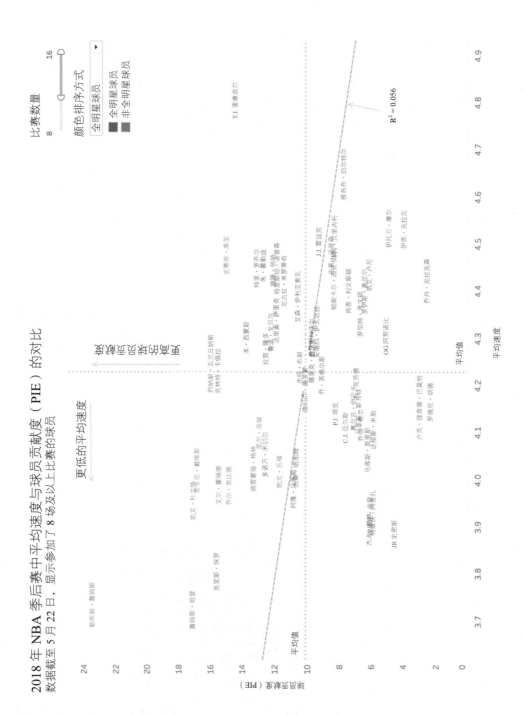

图 6-13 平均速度与球员贡献度（PIE）的对比

然而，虽然数据只是数据，追踪事物却能够以各种有趣的方式来提供帮助。训练人员可以用平均速度数据来跟踪球员受伤后的康复情况；某个正处于职业生涯末期的全明星球员将得益于保持其平均速度下降，以便为最后一轮比赛保存体能；教练组可以对球队在进行"快节奏"比赛和慢节奏比赛时的表现做出评估。谁知道呢？

换句话说，当数据被用于错误的事物时，它就只是"你所听到过的最愚蠢的声音"了。

陷阱 6:
绘图乌龙

How to Steer Clear of Common Blunders

When Working with Data

and Presenting Analysis

and Visualizations

可视化为你提供了那些你甚至没有想到的问题的答案。

本·施耐德曼（Ben Schneiderman）

我们如何对数据进行可视化

我最初想写这本书的原因有两个。第一个原因是，我发现上我教授的数据课程的学生们在作业中犯的那些错误，正是多年前我刚开始自己的数据之旅时所犯过的。假如有一本书可以向他们指出这些常见的错误会怎样呢？我的学生们是不是会少犯一些这类的错误？假如我在刚开始涉足这个领域的时候读过这样一本书，我会少犯些同样的错误吗？

我所说的错误，并不仅仅是创建出糟糕的图表。我指的是本书目前为止讨论过的那些错误，如不恰当地思考和使用数据、弄错统计数据和其他运算、使用脏数据却毫无察觉，等等，还有很多你能想到的，不一而足。

这也是我想写这本书的第二个原因。在我看来，社交媒体上大多数关于数据可视化的讨论，都集中在该不该使用哪种图表类型以及如何正确使用视觉编码和频道上。

像饼图、词云这些"声名狼藉"的图表类型，在各种关于可视化的网络论坛上都饱受诟病。每一个"懂行"的人似乎都很讨厌这些图表类型，还有像堆叠气泡图在内的其他类型。有些人甚至用"邪恶"来形容它们，而其他一些人则会通过嘲笑那些发布了这些图表的人来炫耀他们在"数据可视化酷佬俱乐部"（Dataviz Cool Kidz Club）的会员身份。

顺便说一句，我不认为这个俱乐部是真正存在的，但你懂我的意思。

我并不是说饼图、词云和气泡图总是很好的选择；在很多情景下，它们并不好用。即便你可以说它们在有些场合是屡试不爽的，这几种图表还是很容易被用错。每一位给数据初学者上课的人都应该强调这一点。

然而，我也曾遵照专家们的种种建议制作出一张张漂亮的条形图，但最终发现，这些我所认可的"大作"背后，却是本身就有缺陷的数据，或者是基于一开始就不该出现的不靠谱的计算。但是会有人将这样的图表视为"谎言的兜售者"吗？不会的，它们毕竟只是条形图而已。

这也是为什么前五个陷阱关注的都是在我们将最终结果展示给观众之前时出现的问题。正如我们所知，这些陷阱的数量众多，而且不容易被发现，也不常被人注意或者讨论。打个比方，前五个陷阱就像在海面以下的那部分冰山。

不过，那些容易被注意到的陷阱，也就是那些能被看到的会经常被人付诸笔墨，而且它们确实也应该被大书特书。我们制作的可视化非常重要，因为这是与观众直接进行交互的一部分。在该过程中的这一关键部分出错，就如同在全美橄榄球冠军赛的最后时刻，传球到一码线却被抄截。好不容易一路走来，努力避免了那么多错误，到了最后一步却功亏一篑，该多可惜啊。

不过，我希望我已经在这本书的前六章中阐明，绘图乌龙并不是我们在处理数据时遇到的唯一一个潜在陷阱。如果你同意我的这一观点，那么我已经达成了其中一个主要目标了。

在前文的基础上，我会在这一章中将重点放到我们在将数据进行抽象的可视化表达时可能会犯的错误上。毫无疑问，这些陷阱需要多加注意并加以避免。

陷阱 6A：棘手的图表

关于在不同情景下使用哪些图表合适、哪些不合适，前人已经论述了很多。甚至有人制作了漂亮的示意图和海报，来总结不同图表类型的常见用途，比如哪些图表适合展示随时间的变化、哪些适合一个变量的分布、哪些显示部分与整体的关系。

我推荐读者查看一些这样的"图表选择示意图"，比如乔恩·施瓦比什（Jon Schwabish）的"图表参考手册"（Graphic Continuum）或者《金融时报》的"可视化词典"（Visual Vocabulary），这些示意图可以帮助你了解可以选用的图表样式，以及图表间的联系与可能的组合。

我也推荐娜奥米·罗宾斯（Naomi Robbins）的著作《制作更有效的图表》（*Creating More Effective Graphs*），这本书详细讨论了我们在创建图表的过程中可能遇到的不同问题；另外还有阿尔贝托·开罗（Alberto Cairo）的著作《数据可视化陷阱》（*How Charts Lie*），这本书有效地列出了我们可能被图表和图表选择所误导的种种方式。在这些书中，你会发现许多可以避免的绘图乌龙。

除了这些天才的实际操作者的经验之作外，学术界也进行了大量的研究来帮助我们了解人脑是如何理解视觉形态编码的定量信息的。英属哥伦比亚大学备受推崇的著名的数据可视化学者塔玛拉·蒙兹纳（Tamara Munzner）创作了一本宝贵的教科书——《可视化分析与设计》（*Visualization Analysis & Design*）。过去几年，我在华盛顿大学继续教育学院讲课时用的就是这本书。它对可视化讲述得非常详尽和严谨。

我不会试图重复或者总结这些优秀参考资料中的内容。与此相反，我打算讲讲人们（包括我，尤其是我）在图表选择与创建的关键一步中可能会犯怎样的错误。

但是你绝对不会听到我说"图表类型 A 很好，图表类型 B 不好，图表类型 C 完全没法看"这种话。这不是我的思考方式。

对我来说，图表类型就像是英文字母。有像字母 e 和 t 这样的常用类型（比如条形图、折线图），也有像字母 q 和 z 这样的不常用类型（比如饼图、词云）。前者在非常多的情景下都会很好用，而后者却不太经常能找到合适且有效的用法。图 7–1 中统计了 26 个英文字母在英语文本中的使用频率，我想我们也能对图表类型的使用频率做出类似的直方图。

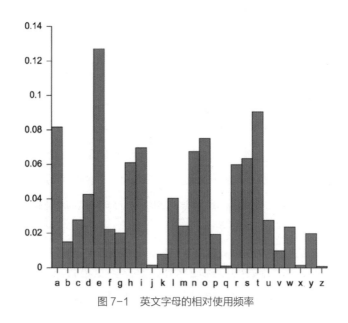

图 7-1　英文字母的相对使用频率

我完全同意有些图表类型比其他类型会更常用。但是，仅仅因为有些类型很少用到或者容易用错就把这样一种图表类型彻底弃用，在我看来，这样的做法是完全不可理喻的。因为字母 j 在英文中不太常用，我们应该就把它彻底删除吗？基于显而易见的个人原因，我肯定不希望会这样[①]。如果我们将其删去的话，只会限制我们自身，而且连本章的写作也要受到影响。

尽管没有人主张删除英文中的某些字母——至少我没有听说过，但是的确有人主张去掉某些图表类型。

你可能想问："好吧，那当我们选择并构建某个特定的图表来对数据进行可视化时，到底可能会掉进哪些陷阱呢？"

让我们来一起看看。

我不会讨论那些特别常见的错误，比如截断条形图中 y 轴的取值，或者在饼图中分出 333 个扇形。我打算根据我理解的数据可视化的三个不同目的，把这一类陷阱分成三个小类别。

数据可视化可用于（1）帮助人们完成某项任务，或者（2）帮助人们了解事物的概况，或者（3）帮助人们根据某个主题自行探索。这三种小类别下的陷阱，也是不同的。

基于具体任务的数据可视化

这一小类别对商业来说尤其重要。在这一情景下，图表就如同一把锤子或者螺丝刀：人们使用它来执行某个具体任务，或者完成某项工作。

一个供应链管理者通过向供应商下订单来维持原材料的库存，同时最大限度地降低库存成本；或者一个投资者在某一天考虑应当买入、卖出或持有一个投资组合中的哪些

---

① 这是因为作者的姓氏是 Jones，含有字母 j。——译者注

资产。他们会不会通常使用数据可视化来完成这些任务呢？

在这类辅助工作的情景下，设计出符合使用者与他们任务具体细节要求的工具至关重要。这与设计任何仪器或者应用程序的过程没有什么不同，这只是用户界面设计原则同样适用的另一种类型。

每当数据可视化主要被用作工具时，我们需要深刻地理解四个关键要素，以便确定需求，并且验证这些需求是否得到了满足。

- 用户：数据可视化的使用者是谁？他们关心什么？他们为什么关心这些东西？
- 任务：他们要完成哪些任务？任务的频率是怎样的？他们需要解答哪些问题？他们需要收集哪些信息才能高质高效地完成任务？
- 数据：哪些数据与任务相关？需要做什么才能使用数据？
- 绩效：最终交付的产品需要具备哪些性能才能发挥作用，例如维度、解析度、数据更新频率？

让我们考虑一个简单的说明性情景，在这个情景中，图表的选择及其创建过程不能完全帮助某人完成特定的任务。我们就不去幻想一个虚假的商业情景并使用一个虚构的数据库了（我实在不擅长编造数据），我会用一个个人示例来说明这一点。

每年的 4 月 30 日，我都会去华盛顿州北湾市（North Bend）的塞山（Mount Si）[①] 登山，这个地方就在我所居住的西雅图市郊外。我在前文中提到过，我很喜欢登山步道，看树看风景，这样说可能有点老套，但是我觉得登山看景能够平衡掉我生活中被数据和电子设备充斥的一面。

坦诚地说，我在登山过程中会戴上一块具有 GPS 功能的手表，回家后还会研究一番

---

① 原文地址是 Mount Si, North Bend。——译者注

出行数据。所以我在爬山的时候也没有完全把我的数据书呆子的一面丢在脑后。不过我能接受这一点。

为什么是 4 月 30 日呢？在 2015 年的那一天，我的父亲去世了。当我收到这个消息时，我知道我需要通过爬山来静一静，并设法找到一种和他在一起的方式。父亲是不是真的和我在一起并不重要，重要的是他在我心中。

等一下，这些和绘图乌龙或者陷阱有什么关系吗？这真是个好问题。我马上就要说到重点了。感谢你的宽容，让我絮叨了这么多。

我在写这一章的时候是 5 月 3 日，就在前几天，我刚刚完成了每年一度的纪念朝圣之旅。那天刚好十分晴朗，而我在那天还有很多工作要完成。所以我想在天没亮时就启程，看看我能不能争取在爬到山顶时赶上日出，那天的日出时间是早上 5 点 54 分。去年去爬山的时候，我也是早早出发，希望能看到日出，但是那天山顶被浓雾环绕，几乎连路都看不清，更不要提天际线的日出了。

但是去年的行程为我这次的出行提供了有价值的信息：我的行程统计信息，包括完整的时间记录、海拔高度的增加，以及整个跋涉过程中行走的距离。

所以，就此为起点，让我们通过四个关键要素来了解一下我们的方向：

- 用户：本·琼斯，徒步旅行爱好者、数据极客。
  - 他想徒步爬到塞山山顶，享受美丽的日出景色。
  - 为了纪念他的父亲，得到一些锻炼，并享受大自然。
- 任务：在日出前抵达塞山山顶。
  - 频率是每年一次。
  - 需要的答案 / 信息：
    i. 华盛顿北湾市在 4 月 30 日的日出时间是什么时候？

　　　　ii. 爬到塞山山顶需要多长时间？

　　　　iii. 行程中所需的缓冲时间是多少？

　　◆ 成功的标准：

　　　　i. 在日出前到达山顶；

　　　　ii 提前到达的时间不多于 15 分钟，以避免在寒冷中等待过久。

● 数据：从搜索结果中获取日出时间，从上一次行程中获取的攀登塞山的详细数据。

　　◆ 日出时间是一个常数，不需要进行数据准备。

　　◆ 历史攀登数据可以从手表应用程序或健身社交网络中获取。

　　◆ 缓冲时间需要根据行程时间的可变性来进行选择。

● 绩效：不需要对数据进行更新，只需要基于静态数据进行分析。

　　为了让这个例子简单一些，我就不考虑起床、穿衣、从我家到登山起始点的时间了。这些是我在睡觉前定闹钟时所要考虑的其他信息。在这个例子中，我们就只将登山的出发时间作为我们的任务和目标。

　　此时，我需要从上次行程的数据可视化中得到的信息就是，爬到山顶需要多少时间；这个时间再加上 15 分钟的缓冲量，从早上 5 点 54 分的日出时间中减去，就得到了我从山脚下开始攀爬的出发时间。

　　从我的健身社交平台上快速下载数据后，我可以基本重现我在网站上看到的可视化信息，如图 7–2 所示。

　　当我查看这些图表的时候，我发现它们并不能很好地回答我的问题。这个仪表盘为我提供了很多有用的部分信息——全程距离、总移动时间及总消耗时间（减去了静止休息时间），还有海拔高度随距离变化的曲线图。我知道我爬到山顶后就原路返回了，所以我可以假定从山脚到山顶的路程将近 4 英里，并且我也能看到我在全程的移动速度大约是 3 英里 / 小时。但是我也能看到，我的步速在下山时要更快一些，所以我不能仅仅依赖这个变量就根据距离和速度快速计算出登顶所需的时间。如果计算结果不能达到我所需要的精确度，就会很容易错过我想要的从 5 点 39 分到 5 点 54 分之间的 15 分钟时间窗口。

本在 2018 年 4 月 30 日的塞山登顶记录

距离：8.4 英里 | 总移动时间：2°44′40″ | 每英里用时：19′35″
海拔：3275 英尺　　卡路里：1470　　总消耗时间：3°44′35″

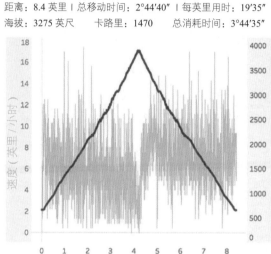 

图 7-2　健身网络平台上的数据可视化重现

我并不想借此来批评我用来存储数据的那个健身社交网络平台。但我的确因为没有找到任何一张以时间为 x 轴的图表而感到惊讶。我也必须承认，这个网站设计这个仪表盘的初衷，也不是为了帮助我完成及时登顶看日出的这个具体任务。

话虽如此，我也成功地下载了数据，并使用 Tableau 来根据我的需求重新设计了仪表盘。如图 7-3 所示，新的仪表盘可以让我直观地看到：去年我从山脚的起始点出发后，用了差不多 2 个小时爬到了山顶。

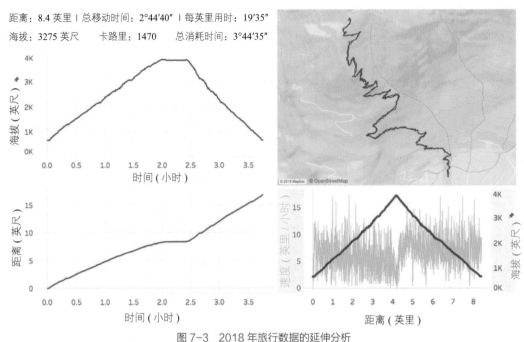

图 7-3　2018 年旅行数据的延伸分析

请注意，我添加了两张以时间为横轴的图表。第一张位于左上角，展示的是海拔高度与时间的关系。第二张在左下角，显示的是总距离与时间的关系。海拔高度与时间的图在我的情景中是有用的，因为我能直接看出爬到山顶一共花了多长时间——中间那个水平线开始处的 x 值——2 小时。

在其他的徒步旅行中，可能不一定要爬山。徒步的路线也许只是绕湖一周，或者是沿着某条河岸一来一回。对于这些情况来说，海拔高度可能就无法帮助我们确定在从起点到终点的路径中，到达中间某个点需要多少时间。对于这类情况，如左下角的那张 x 轴显示时间、y 轴显示距离的图，就能够帮助我找到在路径中抵达中途任何一点所需的时间。

这个时间—距离视图还能帮我直观地看到所有较长的休息时间——折线中的水平段，也就是随时间增加而距离不增加的部分。也许我停下来读了本书、吃了个午饭或者拍了几张照片。在这个例子中，我能明显看出，我唯一的休息时间就是登顶后的 30 分钟。我不能使用时间—海拔视图中的水平段来做这样的判断，因为这个折线中的水平段有可能代表了沿途路径中的水平路段，我一直在移动，只是海拔没有上升。

所以现在我得到了方程的最后一个变量——预计登顶所需时间，这样我就能完成这个简单的任务，确定该在何时从山脚的起始点下车出发，才能及时赶到山顶看日出。

5 点 54 分（日出时间）− 2 小时（登顶用时）− 15 分钟（缓冲用时）= 3 点 39 分（出发时间）

那么在一番准备工作之后，今年的日出之旅如何呢？嗯，我错过了闹钟，直到 8 点才到山脚下。所以就是这样。明年一定再试一次！

用这个例子来描述绘图乌龙看起来似乎有些奇怪。在很多意义上，这根本不算是个"乌龙"。我使用的社交网络平台设计了它们的仪表盘，只是那个仪表盘恰好不能帮我完成一个十分具体的任务罢了。并没有什么由 333 块扇形组成的恐怖的饼图，也没有糟糕的堆叠气泡图。只是一张折线图和一张地图，它们没能帮我完成任务而已。

请注意，我们没有详细分析折线图和条形图是不是这个例子中的正确选择，或者在海拔高度和速度的折线图中使用双坐标轴是否合适。我认为这样的辩论会错失重点。在这个例子中，我需要的是一张折线图，但其中的 x 轴是时间而不是距离。问题不是出在图表的类型，而是在于坐标轴所使用的变量是什么。

我希望通过这个例子表达的是，"足够好"的标准在很大程度上取决于受众需要完成的任务的具体细节。在选择图表的问题上，列出几条常用的经验非常容易。很多人对此都颇有高见。但是如果你要为执行一项或多项特定任务的人员构建产品，则最终的产品必须经受住考验。假如用户不能用你的产品来完成工作，那再怎么套用数据可视化大师的秘诀清单也无济于事。

帮助了解概况的数据可视化

有些可视化不是为了完成某个具体任务或功能而创造的。这些类型的可视化和我们刚刚讨论过的不同，它们缺少与某项工作直接且立竿见影的联系。

试着想想看，你在新闻网站上看到的显示最近失业率的图表，或者公司高管在演示的幻灯片里所展示的最近的销售情况。很多时候，你并不需要使用图表中的信息来立刻做什么，甚至之后也不会用它来做什么。其他人也许会将这些图表作为工具来做些具体的事，但是有些看到它们的人并不需要执行什么任务，而只是需要了解，以更新对事物的当前或过去状况的认知。

作为数据可视化的展示者，我们通常只是想让观众们了解周围环境的一些情况——事情发展的某种趋势、规律、明细或方式。如果我们问问自己，希望观众根据这些图表信息来做什么的话，有时我们可能会很难回答出来。我们也许只是希望他们知道些什么。

当我们只想用数据可视化告知人们一些事情的时候，可能会掉入哪些陷阱呢？让我们来看一下能够说明这些陷阱的不同图表类型。我们将使用一个具体的数据集：佛罗里达州奥兰多市被报告的犯罪案件数据。我曾于 2018 年到访奥兰多，在一个新闻业的会议上进行演讲和培训。当时我找到了这个数据集，这样可以让我的观众们学习使用与我们周围环境相关的数据。

在奥兰多市的公开数据门户网站上，该数据集伴有如下的说明：

该数据集来自奥兰多警察局的记录管理系统。其中包括美国联邦调查局犯罪报告标准（Uniform Crime Reporting Standards）中的 I 类和 II 类犯罪案件。当多项罪行在同一案件中发生时，记录中会显示级别最高的罪行。数据仅包括未结案和已结案的案件，不包括无逮捕记录的信息型案件。数据中排除了犯罪者或受害者信息被法律保护或可能被法律保护的案件。

这一段文字后有一个很长的被排除在外的犯罪案件类型的列表，其中包括家庭暴力、虐待老人、一系列性犯罪，等等。所以我们要注意，这个数据集不包括这些犯罪类型的任何信息。

同样重要且需要注意的是，我们研究的不是真实发生的犯罪事件，而是被报告的犯罪事件。这两者是有区别的。而这一点与我们在"认知偏差"那一章中讲到的数据与现实的差距有关。在为我提供数据的网站上，还包括一条免责声明："关于报告案件的操作及政策可能会改变。"也就是说，在考虑对不同时段的案件进行比较时，要非常小心。换句话说，某一类型犯罪被报告数量的骤增或锐减，有可能是因为警察工作方式的改变，而不一定是因为犯罪行为本身的改变，更不要说这些提醒和免责声明本身就是有误导性的。这样会给我们带来不便，因为它们可能会使我们难以通过数据来向观众证明一个强有力的结论，但是在已知的情况下忽略这些细节不提又是不道德的。

1. 向观众展示有误导性的图表

如果我们想向观众说明奥兰多市麻醉药品被报告的犯罪案件数量在增加的话，那么我们展示如图 7-4 中所示的 40 个星期的时间线，会很有说服力。

这张图表事实信息正确，设计得也不糟糕，但它非常具有误导性。这是为什么呢？

因为如果我们延长横轴上的时间窗口，探索整个八年间麻醉药品被报告的犯罪案件数量，那么数据就会讲述一个非常不一样的故事。如图 7-5 所示，之前展示的 40 个星期的数据在该图中显示为灰色阴影所覆盖的区域。

图7-4　奥兰多市麻醉类药品犯罪的报告案件数（41周，2015年6月至2016年4月）

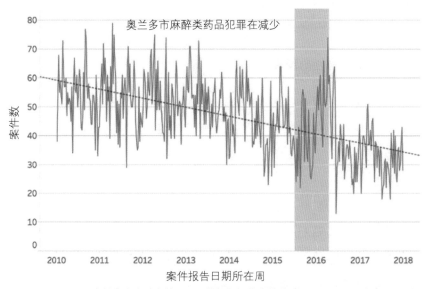

图7-5　奥兰多市麻醉类药品犯罪的每周报告案件数（2010—2017年）

　　这有可能只是没有延长时间窗口来查看更大范围的趋势所造成的无心之失，也有可能是通过对数据断章取义而做出的故意欺骗。无论如何，我们展示给观众的图表给予了他们完全错误的印象，造成了严重的绘图乌龙。

　　对于很多不同类型的图表而言，都可以通过修改设置来误导受众。这只是个简单的例子。我再次推荐你阅读阿尔贝托·开罗的《数据可视化陷阱》，另外还有达莱尔·哈夫（Darrell Huff）的经典著作《统计数据会说谎》（*How to Lie with Statistics*）。

　　由于可以用此类方式来误导大众，在很长一段时期内，人们都对统计学深怀疑虑。下面的引文来自弗兰克·朱利安·沃恩（Frank Julian Warne）一本名为《制图学十讲》（*Chartography in Ten Lessons*）的著作。这本书在 1919 年出版，正好是在我写作这本书的整整一个世纪前。

　　对一个普通公民来说，统计学就如中文谜语一样难懂。统计学就像是思维上的"神秘摩尔迷宫"。他会带着怀疑的目光看着一列列的数字，因为他无法理解它们。也许正是因为他经常被对统计数据的误用或使用了不正确的统计数据误导，他已经不相信统计数据能可靠地代表事实性的证据，于是他像一个机器人那样机械地重复着"图片或许不会说谎，但是说谎的人会画图"，或者"有三种谎言——谎言、该死的谎言、统计数据"。

　　用图表来误导人可是要遭报应的。我们至今还在为几代人之前曾做过的那些使人们掉入陷阱的决定而付出代价。正因如此，当今人们普遍对数据和图表充满警惕，认为它们是在兜售谎言，而非真相。

2. 向观众展示令人困惑的图表

　　比前面介绍的误导人的图表稍微好一点的是一种令人困惑的图表。而这种陷阱不那么糟糕的唯一原因在于，观众们在看完图表后，不会带着错误的印象离开。他们在离开时，脑中空空如也，只是困惑地觉得他们一定是错过了一些东西。

有太多使用数据的方式令人困惑了，多到我甚至都列举和解释不完。很多基本的图表就已经很令人困惑了，更不要提像箱线图那样的复杂图表了。这意味着我们就不用它们了吗？不是的，但我们需要花些时间来引导观众去理解图表中的内容。

最常见的使人困惑的图表方式，就是在视图中包含太多的信息。比如，如果我们想让观众们关注入店行窃所报告的案件数量，但是展示的却是如图 7-6 所示的时间线，我们就正好掉进陷阱里了。

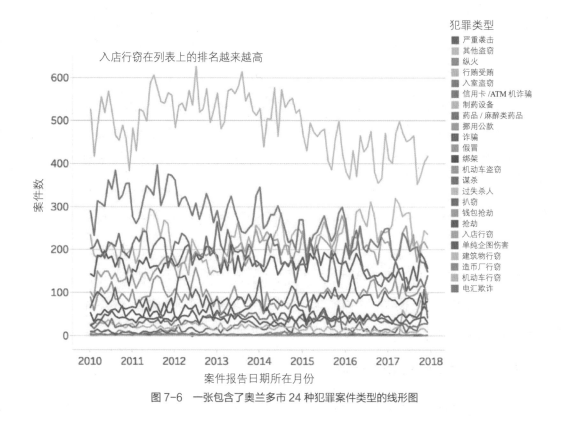

图 7-6　一张包含了奥兰多市 24 种犯罪案件类型的线形图

当你看到这张图的时候，会做些什么？如果你和我一样的话，你会很努力地试图验证图片上的文字说明是不是准确的。但你会发现很难找到关键信息，然后就会开始困惑，接着感到沮丧。这些交叠的线条和颜色，让你的大脑在找不到它想要的信息时开始抓狂。最后你放弃了。

为什么我们总是想给观众呈现那么多的数据呢？我们似乎总是经受不住一种诱惑，想要将所有内容都包括在视图中，就好像把所有处理过的数据都添加进去就能得到更多奖励似的。我们是想让观众感到印象深刻吗？然而并没有，我们只是让他们感到困惑。我们应该把无关的内容都剔除掉，或者至少让它们融入背景中。

你可能听说过，这种图被称为"意大利面条图"（spaghetti chart），原因显而易见。在这张图中，我们可以注意到以下几点。

首先，"入店行窃"对应的颜色是浅米色。这是我在使用 Tableau Desktop 软件创建该图时被分配的默认颜色。米色也没什么不好，但是要从一大堆交缠的线条中辨认出米色的折线却不太容易。如果这样的颜色恰好是需要重点关注的线条或符号的默认色，我们应该会想要换一个更容易引起注意的颜色。

其次，看一看图中一共有多少条线。如果你在图例中数一下的话，你会看到一共有 24 条不同的线。但是在软件的默认配色方案中，只有 19 种不同的颜色用于犯罪类型的变量。所以，当软件处理到"犯罪类型"列表的第 20 项时，它就会使用和第 1 项同样的颜色，而第 21 项会是和第 2 项相同的颜色，以此类推。接受这样的默认设置绝对是个新手级别的错误，但我在跨越新手阶段很长时间后，还是会一次又一次地重复犯这个错误。

这种颜色混淆会造成什么样的后果呢（这一点我们在下一章中会更详细地讨论）？看看图中最上方的那条线，它是浅蓝色的。请在图例中找到浅蓝色。它对应的是哪种犯罪类型呢？是"其他盗窃"还是"建筑物行窃"？从静态版本中，我们根本看不出来。我们必须在交互版本中将鼠标悬停到那条线的上方，或者点击图例才能发现它对应的是

"其他盗窃"。如果一张图表需要进行交互才能回答一个重要的问题，而它却以静态的形式被展示出来，那么这样的方式绝对是令人困惑的。

现在回到我们最初的目标，来关注一下入店行窃的数据，那么我们可以把"入店行窃"的颜色由浅米色改成一种与这一类别唯一对应的更醒目的颜色。另外，鉴于我们关注的重点是这类犯罪案件的排名上升，我们应该在视图中保留其他的折线而不是删掉它们，但我们可以把这些线的颜色设置得更浅一些，或者给它们增加透明度，来让那条我们希望观众注意到的线更加突出，如图 7-7 所示。

图 7-7　让观众的注意力聚焦在入店行窃的时间线上

花些时间对图表做这些虽小但非常重要的修改是非常有帮助的。这样可以防止观众们在看图的时候，只能皱起眉头、茫然不解地盯着屏幕或者页面。我们可不想这样。

3. 向观众展示不能表达我们想要表达的论点的图表

假如我们想向一些民众讲解奥兰多市被报告的犯罪案件情况，而我们准备了一张幻灯片想要清楚地说明，有三类犯罪——盗窃、入室盗窃和袭击，占据了被报告的案件总数的四分之三。那么在图 7-8 的四种方案中，你会选择哪一种来说明这一论点呢？

选择最好的图："2010 年到 2017 年，在奥兰多市，盗窃、入室盗窃和袭击占所有被报告的犯罪案件数的 3/4。"

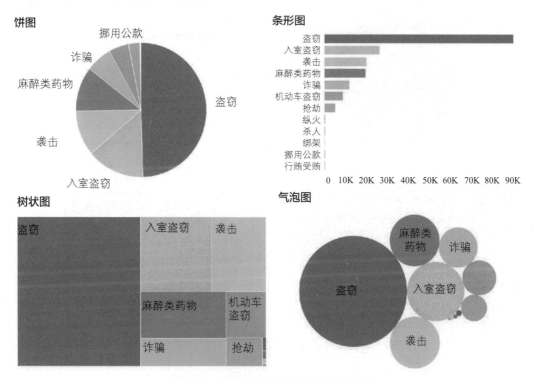

图 7-8 四类展示各类犯罪案件数量的图表

我认为，饼图和树状图都能清晰地传达出这一论点，而条形图和气泡图则不行。这是因为饼图和树状图都能把所有不同类别的代表进行标识，并整合成一个统一、完整的整体，如饼图中的扇形、树状图中的长方形。以饼图为例，我们希望观众关注的三个类别，加起来几乎正好在 9 点钟方位，占据整个圆形的 75%。

不过我觉得用 12 种不同的颜色来说明这样的论点，会让人眼花缭乱，而对配色方案进行简化则能使观众们更轻易地进行观察，如图 7-9 所示。

选择最好的图："2010 年到 2017 年，在奥兰多市，盗窃、入室盗窃和袭击占所有被报告的犯罪案件数的 3/4。"

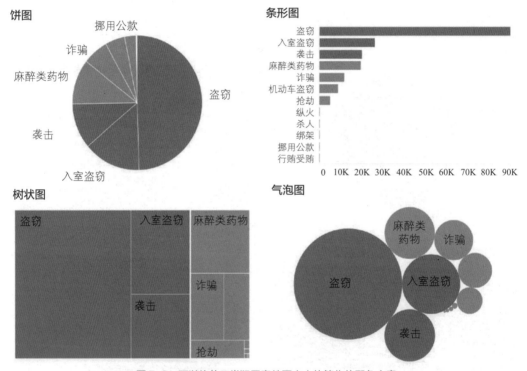

图 7-9 可以使前三类犯罪案件更突出的简化的配色方案

我们可以注意到，即使是简化后的配色也不能使条形图和堆叠气泡图变得更清楚易懂。这是因为这两种图中的代表标识都是分开排布的，而没有像其他两种图一样融合成一个整体，如在条形图中是长方形、在堆叠气泡图中是圆形。

所以我们现在有了两种图表，都可以非常清晰醒目地表达我们的论点。但是我们需要问自己另一个非常重要的问题：将所有被报告的犯罪案件视为一个整体，是公平且准确的吗？还记得之前提到的数据的注意事项吗？这个数据中只包含了基于美国联邦调查局标准中的 I 类和 II 类犯罪案件，并且这里面只包括未结案和已结案的案件（不含无逮捕记录的信息型案件）。在多项罪行同时发生的情形下，该数据只记录最严重的罪行。另外，这里也不包括那些犯罪者或受害者的身份受法律保护的案件。

有很多注意事项，是不是？这个数据集真的能代表任何的整体吗？也许不能。如果是这样的话，那么使用另一种不带有部分和整体之间关系这个概念的图表可能会更好，比如条形图。如果我们确实决定向观众展示一张代表部分和整体之间关系的图，比如饼图或者树状图，但是整体中的一些重要组成部分由于某些原因并不包括在数据中，那我们必须将这一点非常明确地告知观众。如果不这样做的话，那我们就一定是在误导他们了。

4. 向观众展示不能足够准确表达论点的图表

现在假设我们要阐述一个完全不同的论点：从 2010 年到 2017 年，奥兰多市的袭击犯罪和麻醉药品犯罪被报告的案件数量基本相同，但是前者的数量在这段时间里比后者的数量稍微多了一点。

如图 7–10 所示，在这七张图中，哪张图最适合在演讲中或者文章中用来说明这一点呢？

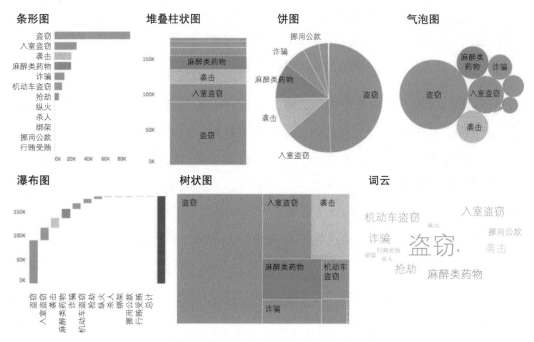

图 7-10　比较奥兰多市袭击罪和麻醉类药品犯罪的报告案件数的七种方式

只有条形图能说清楚。在所有的七张图中，只有这张图里袭击犯罪和麻醉药品犯罪对应的标识有着相同的基准线，使得我们可以在任意精确度上比较它们的相对数量（即条形的长度）。在其他六张图中，很难看出这两类犯罪案件中，哪一类出现得更多。显然，它们的数量非常接近，但是在没有排序的情况下，如果不另加标签说明，就非常难以分辨。

如果由于某种原因，观众们需要更准确地了解二者的相对数量，那么我们可以在条形图中添加原始数值与百分比，如图 7-11 所示。

像这样将数据添加为标签，是一种能帮助受众更准确地进行比较的有效方法。只呈现数据列表或表格当然也能提供这样的精确度，但是这样会缺少视觉编码，无法让人一眼看出相对数量的规律和大致情况。

2010—2017 年间奥兰多市各类犯罪案件的报告数

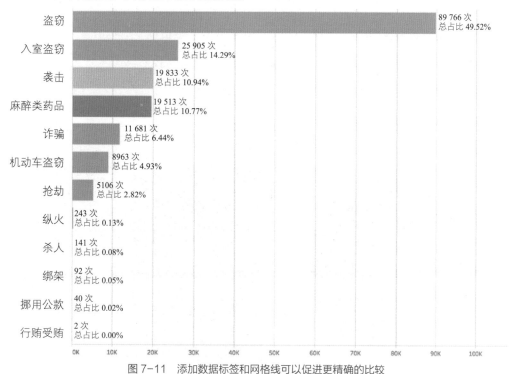

图 7-11　添加数据标签和网格线可以促进更精确的比较

5. 向观众展示遗漏了重点的图表

到目前为止，在描述这一类陷阱时，我们考虑了各个单独的图表能否很好地表达我们的主旨，并且为观众提供与真实情况相符的概况。在前面的例子中，我们讲述了那些在创建图表的过程中使得它们具有误导性、令人困惑，或者不能恰当地为我们的论点提供视觉支持的错误操作。我们可以将这些错误称为"行为之罪"，也就是说，是我们采取的某种行动产生了问题。

但是，还有另外一类错误会导致图表不能阐明主旨，那就是图表可能遗漏了重点。这就像忘记给关键句加感叹号，或者指责泰坦尼克号的船员没有把甲板上的座椅安排好一样，我们有可能把更重要的事情给忽略了，从而犯了"遗漏之罪"。

举例来说，如果我们想告诉观众们，盗窃罪是奥兰多市的 I 类和 II 类犯罪案件中被报告数量最多的一类，我们可以用如图 7–12 所示的饼图或者树状图来说明，在 2010 到 2017 年间，盗窃罪占所有被报告案件数量的近一半。

2010—2017 年间奥兰多市各类犯罪案件的月报告数

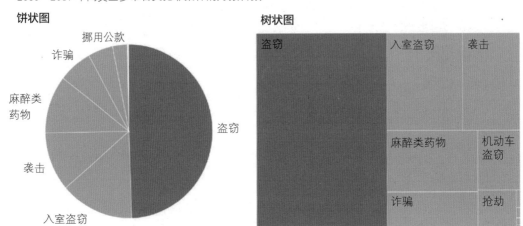

图 7–12　饼图和树形图均可说明盗窃罪占比将近一半

如果只展示这张图的话，我们就错失了重点。为什么呢？因为如果我们查看奥兰多市盗窃罪被报告案件数量的逐月变化情况时就会发现，其数量占比呈上升趋势，如图 7–13 所示。

事实上，如果我们只查看奥兰多市 2017 年的 I 类和 II 类犯罪案件数量的话就会发现，盗窃罪的占比超过了 55%，如图 7–14 所示。而在 2010 年，盗窃罪的占比只有 45%，如图 7–15 所示。

如果我们只使用图 7–12，其中表述的论点会不够有力。那张图并不能说明盗窃罪的案件数量在过去几年中大幅增加，而现在的数量已经远超从前。

2010—2017 年间奥兰多市各类犯罪案件的月报告数

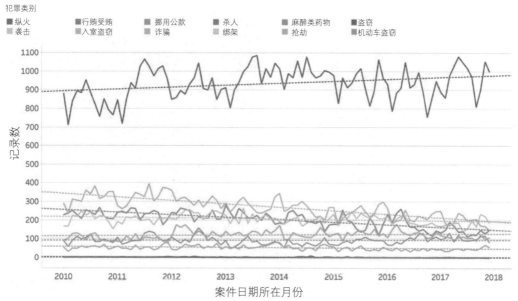

图 7-13　各类犯罪案件数的时间线图

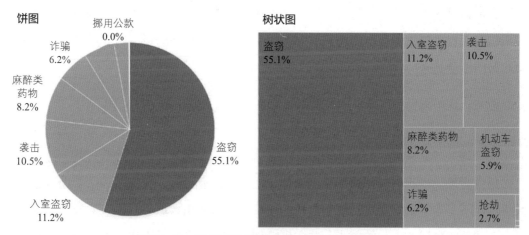

图 7-14　2017 年奥兰多市各项犯罪的报告案件数量

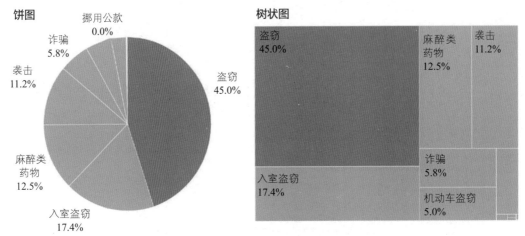

图 7-15　2010 年奥兰多市各项犯罪的报告案件数量

当我们展示原始的那张涵盖了从 2010 年到 2017 年的数据的图表时，我们给观众提供了符合真实情况的概况了吗？是的，但我们没有让他们意识到可能更重要的事实。我们选择了合适的图表类型（假设这里的全部案件可以被视作一个"整体"），选择了能够突出重点信息和关键类别的配色方案，甚至还添加了标签来提高精确度。我们怀着巨大的勇气做了以上种种，对饼图的质量充满信心，尽管明知那些讨厌饼图的人们还是会抨击我们的选择。

但是，这张图仍然遗漏了一个重要的事实，所以我们还是功亏一篑了。

开放式探索的数据可视化

很多时候，当我们在创建图表、图片、地图和仪表盘时，我们是为了帮助自己理解数据，而不是为了向观众进行展示。我们还没有进入"用数据讲故事"的模式，而仅仅是处于"挖掘数据故事"的模式。这样也没什么不好，在数据工作的过程中，我们时常需要这个"挖掘故事"的关键步骤。事实上，当你以轻松的心态流畅地探索一个或多个数据集的时候，你会发现这是非常有趣的一步。你会沉浸在数据中，不断发现有趣的现象，提出你之前没想到的全新问题，就像本章引言所说的那样。

我喜欢"探索性数据分析"（exploratory data analysis，EDA）这个词，它概括了这一步骤的混乱性和灵活性。如今，我们探索数据的方式灵活多样，通常不会被严格的假设检验或统计严谨性所限制，因为这会拖慢整个进程。

但是我们也要谨慎地对待快节奏的数据探索过程。现代商业智能和分析工具让我们能够在很短时间内对数据进行大量的处理和分析，而我们很容易在这个过程中的早期阶段就创建一个将我们引入歧途的图表，让我们跌入陷阱。

就像青少年在 Instagram 页面上快速滑动一样，我们会快速地浏览一系列图表，但是我们并不会真的停下来仔细研究其中任何一张。我们从未真正用心地解读数据，而只是草率、急切地探索一遍，在没有真正清晰、专注地看到任何东西之前，就忙着发表文章或者进行展示了。

举个例子，让我们想一想奥兰多市盗窃罪被报告案件数量的增长趋势。我们可以很轻易地在折线图上添加一条趋势线，看到这条线的斜率为正，然后用 10 秒的时间下结论，认为盗窃案的数量在逐月递增。毕竟这条趋势线是向上走的，对吧？

但是，如果我们使用如图 7–16 所示的个体控制图（individuals control chart），这张图可以帮助我们分析时间序列中的变化应当被解读为信号还是干扰信息，那么结论就有所不同了。

是的，在 2010 年和 2011 年之间，的确有几个月的案件数低于期望值（即高于"控制上限"或低于"控制下限"的"离群点"），在 2013 年中还有一段上升趋势（多于 6 个数据点呈现连续上升或减少的趋势），在 2014 年底 2015 年初，还有一段偏移（多于 9 个数据点的值都在平均值的同一侧）。但是从 2015 年 1 月开始，奥兰多市的盗窃罪被报告的案件数量都没有统计意义上显著的变化。也就是说，足足 35 个月的数据点都可以被视作干扰信息。这样的数据真的能支持"盗窃罪发生的数量在逐月递增"这种结论吗？

信号类别

■ 在允许范围内 ■ 离群点 ■ 偏移点 ■ 趋势点

图 7-16　显示盗窃罪报告案件数的时间序列的个体控制图

假如我们没有停下来更为仔细地查看，而是匆匆去翻看下一张图表的话，我们可能就会错过本来能够通过放慢速度来进行更仔细深入的分析而得到的更深刻的理解。

陷阱 6B：数据教条主义

与其他形式的沟通表达相同，对于数据可视化来说，并不存在非黑即白的规则，而只有经验法则。

我不认为针对一切可想象的情形，我们都能够做出某种数据可视化类型"可行"或"不可行"的判断。我得承认这种一刀切的判断方法有其诱人之处。我们既可以信心满满地认为自己能够避免出现一些重大错误，还可以在看到别人违反相关规则的时候，幸灾乐祸地自我感觉良好。当年我开始接触这个领域的时候，就有这种心态。

但是，随着阅历和经验的增加，我逐渐抛弃了"可行"或"不可行"这种非黑即白的判定标准，而倾向于使用像连续灰度值一样的有效性判别指标。诚然，有些图表类型比其他类型要更好用，但这在很大程度上取决于目标、受众和背景。

这样的判定标准会使我们更难决定做什么和不做什么，但我认为它能够更好地反映出在人际交流过程中所固有的复杂性。

有时候，在某个具体情况下的最有效的选择可能完全出人意料。让我们来考虑两个看似与数据可视化无关的领域：下棋和写作。数据可视化就像下棋一样，这两者都涉及大量交替的"动作"，具体如何选择取决于考量这些动作怎样才能给己方带来优势。

国际象棋的基本策略大致是这样的：棋盘上的不同棋子被赋予不同的分值，最低分的兵是 1 分，而最高分的王后是 9 分。通常来说，棋手不会以牺牲王后为代价来换取兵或者其他的低分棋子。但是，俄罗斯国际象棋大师加里·卡斯帕罗夫在 1994 年对阵弗拉基米尔·克拉姆尼克（Vladimir Kramnik）的一场比赛中，在开局不久就做出了牺牲王后的决定，而他最终也取得了压倒性的胜利。

所以，真正重要的并不是哪一方最后剩余棋子的总分最高，而是谁能把对方的国王给将死。在选择出人意料的、从表面上看起来会使己方陷入劣势的棋着后还能把对方将死的情况尽管不太常见，但也是有可能的。

在第二个类比中提到，数据可视化很像写作，因为二者都需要向其受众传达复杂的思想和情感。通常来说，为某一读者或读者群体进行写作时，要遵循一些拼写、句法和语法的通用规则。在学校里，如果一个学生违反了这些规则，作文是要得低分的。但是美国小说家、剧作家和编剧科马克·麦卡锡（Cormac McCarthy）在他 2006 年发表的小说《路》（*The Road*）中，基本没有使用标点符号。但凭借这本小说，他获得了 2007 年的普利策奖。

那么，我会推荐新人棋手学习卡斯帕罗夫牺牲王后，或者建议新人作家模仿麦卡锡不用标点的做法吗？我不会给出这样的建议，但是我也不会把它们从一切可能的解决方案中排除出去。在塔玛拉·蒙兹纳的《可视化分析与设计》一书中，有一张精妙的插图解释了其中的原因，如图7-17所示。

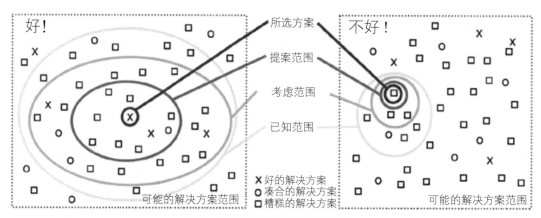

图 7-17　选择解决方案的两种方式

如果我们像左边那张图一样，将可考虑的解决方案范围设定得更大一些，那么这个范围就更有可能包含一个优秀的解决方案；反之，如果我们像右图那样，将某些可视化类型贴上"不好"的标签而将它们排除在可能的解决方案之外，那我们的选择就很有限了。

为什么要这样做呢？告诫新人棋手永远不要牺牲王后，或者告诉新手作家在任何情况下都永远不要省略句号或逗号，对他们并无益处。有些时候，这些非常规的做法反而会有更大的效果。

以词云为例。很多人都说，这种图没什么用处，甚至有害无益。这些批评是有原因的，而且在某些情况下这种说法是正确的，因为词云有时的确不知所云。

毫无疑问，使用词云很难进行任何精确的比较。字符数更多的单词或词组会比那些在文本中出现频率更高的短字符串要占据更多的像素点。另外，使用词云来分析或者描述一段政治辩论中的文字会常常具有误导性，因为其中的字词被单独地截出来，容易造成断章取义。

好吧，那我们是不是就应该彻底弃用词云，并且对一切能创建词云的软件嗤之以鼻呢？

我认为大可不必。词云还是有用处的，尽管这样的情况并不多。假如我们想对满满一屋子的观众，特别是那些坐在后排的，展示最常见的几个密码选择，并且想让大家一眼就能看到这些密码的搞笑之处，那么词云是不是有可能刚好合适呢？

在这种情况下，你会使用条形图、树状图、气泡图，还是词云呢？你可以根据如图 7-18 所示的图表做出选择。

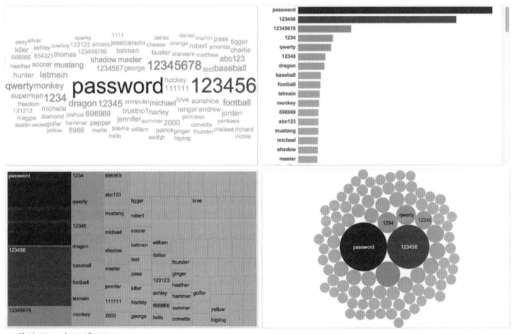

* 移除了 6 个不雅词汇

图 7-18　四种呈现前 100 个最常用密码的方式

我承认，在这个情景下，我会选择使用词云。那几个常用密码在屏幕上特别显眼，让坐在后排的观众也能看清。至于他们是否能看出"password"[①]这个密码的使用频率是"123456"的 1.23 倍，根本无所谓。在这个假设的情景下，对于我需要观众们根据图片所完成的分析任务来说，并不需要这么高的精确度。在词云之外的几个图表类型中，只有一部分密码能被显示出来。条形图只能展示前 100 个密码中的 17 个，需要通过移动垂直滚动条才能看到其他密码。而气泡图只能显示出前 5 个密码，之后的密码序列都无法被容纳到气泡圆圈内。

在其他三种图表类型中，观众们都没法一眼看到这些密码大致包含了哪些内容，如名字、数字、体育、"蝙蝠侠"，等等。

这个例子绝对不是在说：我认为词云超棒，你应该一直用它。在大多数情况下，词云并不好用，就像下国际象棋时牺牲王后、写小说时完全不加标点符号一样，风险很大。

但是剑走偏锋，有时却可以出奇制胜。

毫无疑问，我们可以列举出许多其他的情景，使得其他三种图表类型成为比词云更合适的选择。对图表类型的选择取决于多种因素。这是好事，而且坦率地说，我喜欢数据可视化的这种复杂性。

鉴于需要考虑的变量如此之多，而我们常常并不清楚某个具体项目的目标、受众和背景，所以当我们对别人的数据可视化进行评价时，态度应该谦逊一些。我们能看到的不过是视觉化的定格。它是某个演讲或者报告的一部分吗？它在呈现的时候是不是伴有文字注解？其受众拥有哪些知识和技能，怀着怎样的态度？与该可视化相关的、需要执行的任务是什么？完成这些任务需要怎样的精确度？

---

① Password 是"密码"的英文。——译者注

以上这些问题以及很多其他的问题，真的非常重要。如果你是那种对词云根本不屑一顾的人，那么你会快速且草率地对我上面的例子进行批评。而你的批评会很大程度上带来误导，根本站不住脚。

在数据可视化领域中，有很多充满创意且富有才华的人一直在尝试新事物，我对此感到十分欣喜。任何一个领域的蓬勃发展，都要以自由创新为基石。对某些可视化类型一概而论并无益处，而且这样做还会打击人们对自由创新的积极性。

"创新"并不仅仅是创建新的图表类型，它还可以是用全新且富有创意的方式使用已有的图表类型，或者是将现有的技术应用于全新的数据集，又或者是把数据可视化与其他视觉或非视觉的表现形式结合起来。只要我们能够秉承着彼此尊重而理性的态度，来针对创新成果的可用性和改进方向进行探讨，何乐而不为呢。

将获得认可的好方法加入到已知解决方案的范畴中，对我们所有人来说都是好事。

陷阱 6C：错误地认为"最优"和"满意"相互对立

对某一特定情景下的某一特定受众来说，是否存在唯一"最佳"的方式来对数据进行可视化呢？还是说，有好几种"足够好"的方法？关于这一问题的争论，在数据可视化领域已经出现很多次了。

有些人说，针对某个特定情况，一定要有一个最佳的解决方案；而其他人却认为，可能存在多个合适的可视化方案。

是不是双方都可能是对的？这样说可能会有些奇怪，但是我认为，双方的观点都是正确的。在数据可视化领域中，两种方式都有用武之地。让我来解释一下这是为什么。

我们很幸运，因为在过去的一百多年间，天才们在不断地研究如何从一系列备选方案中做出选择。这样的决策过程属于运筹学（operations research，也被称为"管理科学"或"决策科学"）的范畴。我们要研究的问题，用运筹学的语言来阐述就是：

问：当选择如何向某一特定受众展示数据的时候，我是应当一直寻找，直到找到唯一的最优解，还是找到某个能达到最低可接受度（也被称为"可接受阈值"或"愿望水平"）的解决方案就可以了呢？

前一种方式被称作"最优化"，而后一种方式则在 1956 年被诺贝尔奖得主赫伯特·A. 西蒙（Herbert A. Simon）命名为"满意原则"（Satisficing）[1]。

那么我们应该采取哪种方式呢？在对数据进行可视化时，应当追求最优解还是满意就行？采取哪种方式，取决于以下三点：

- 该决策问题是否容易处理；
- 全部信息是否都可以使用；
- 我们是否拥有足够的时间和资源来获取必要的信息。

但是数据可视化的"收益函数"（payoff function）是什么呢？

这是一个关键问题，也是一些争论的分歧点所在。将数据可视化的不同解决方案进行排序的一部分难点就在于，要决定收益函数应当包含哪些变量，以及这些变量的相对权重或重要程度又是多少。收益函数就是我们用来对不同方案进行比较的方式——哪个选择更好？为什么更好？比其他选择好多少？

一些数据可视化的纯粹主义者声称，对数据可视化价值的评判标准有且只有一个：看它是否可以让数据在最大限度上变得容易被解读。也就是说，纯粹主义者提出的收益

---

[1] Satisficing，即 satisfy（满意、满足）和 suffice（足够、合格）的合成词。

函数是：更高的可理解度 = 更高的收益。

但是，可理解度就是唯一重要的变量了吗（观众们是否准确地理解了数据的相对比例）？还是说，其他的变量也应该被考虑在内呢？比如：

- 关注度——是否引起了观众们的注意？

- 影响力——观众们是否关心我们所展示的内容？

- 美观性——观众们觉得可视化的图像好看吗？

- 可记忆性——在未来的某个时候，观众们还会想起这张图表或其中的信息吗？

- 行为——观众们会因此做出相应的行动吗？

图 7-19 展示了我是如何使用多个假想分值来衡量数据可视化方案的收益或者成功度的（是的，已经有很多人说过我想得太多了）。

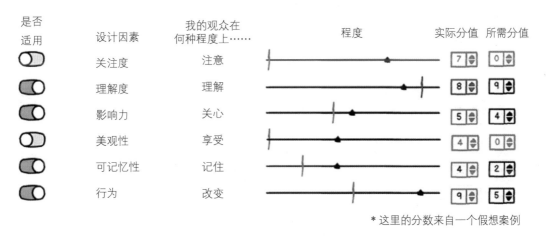

图 7-19　决定可视化比较重要的因素

请注意，如果你想使用这套标准，你可以通过调节最左边的开关来决定是否把某个特定的指标类别考虑在内，还可以为"实际分值"一栏（当前我的可视化在多大程度上满足了这一指标）和"所需分值"一栏（我的可视化需要在多大程度上满足这一指标才能达成我的目标）设定分数。

"实际分值"会让"程度"一栏下的滑动三角图标从 0 到 10 移动；"所需分值"则通过类似的方式决定了"程度"一栏中目标线的位置。如果目标线为红色，那么该项指标还没有达到令人满意的程度（三角图标位于目标线左侧），比如在这个例子中的"理解度"那一项就没有达标。

我们当中的大多数人可能都经历过这样的情况：某个可视化类型能够提供更精确的比较结果，但是多出来的那一点精确度对于当前的任务来说并无必要，而这个可视化类型在其他方面又呈现劣势，所以使用它的最终效果必定不佳。

理解度也许是数据可视化中最重要的单个因素，但是我不认为它是我们可能唯一需要关心的指标。并不是所有数据可视化的情景都需要极高的精确度，就如同工程师们对 15 美元的滑板车的技术规格要求远没有对 4.5 亿美元的航天飞机那样严苛。

另外，不同的可视化类型可能会使某一类数据的对比更加容易（比如部分和整体之间的对比），却让另一类的对比更加困难（比如部分和部分之间的对比）。

权衡取舍比比皆是

显然，如果我们为了特定的情景和受众而使用所有上述的变量（可能还有其他变量）来进行最优化的话，工作量会非常大，而耗时也会很长；如果受众面很窄（如某个非营利性组织的董事会成员），那么我们根本无法提前检测所有的变量（比如行为——他们会怎样做）。我们只能继续使用不完备的信息，并调动"有限理性"。这个词的意思是，在决策过程中，我们的知识从根本上就是有限的，所以我们只能选择一个"足够好"的选项。

如果我们在上午 11 点 30 分获得数据，但当天下午 3 点就要开会汇报呢？对所有变量进行一系列测试，通常是不现实的。

但是如果我们认为，对于某个特定案例来说，最优化是至关重要的呢？我们可以先把问题进行简化，只关注其中一两个输入变量，对受众的情况做些关键假设，如他们是什么人，当我们向他们进行展示时他们的心态如何，以及他们的反应与测试中的受众群体有何异同。我们可以减少自由度，并优化出一个更简单的方程。我完全赞成总结出"哪些图表类型更容易被理解"这样的简单规律。在关键时刻，这确实是我们可以使用的好消息。

两种方式都有用武之地

西蒙在他的诺贝尔奖获奖致辞中指出："决策者既可以在简化的世界中找到最佳解决方案，也可以在更真实的世界中寻找一个令人满意的解决方案来满足需求。两种方法没有哪一个是明显优于另一个的，两者会继续在管理科学领域中共存。"

我认为两种方法也应该在数据可视化领域中共存。我们会因为有人在实验室中简化、可控的场景中测试并寻找最优的可视化方案而获益，也会因为有人考虑到更广泛的评判指标和人际交流中的未知与不确定性，从而大胆尝试并创造出在真实世界中"足够好"的可视化方案而获益。

陷阱 7:
设计风险

设计不仅是外观和感觉。设计就是它的工作方式。

——史蒂夫·乔布斯

我们如何对数据进行修饰

我并不认为自己是一位设计专家，在这方面我还差得很远。但在我的职业生涯中，的确有一个很特别的机会，那就是可以在很长一段时间内遇到大量特别有创意的数据可视化方案。我被邀请带领广受欢迎且免费的 Tableau Public 平台的全球营销团队，在这个位置上待了超过 5 年，而整个团队的业绩在此期间增长了 20 倍。这是一个让我非常感激，也是我永远不会忘记的角色。

这个平台的有趣之处在于，它为全球的数据迷们提供了一个机会，将他们在日常工作中发展的技能应用到他们所感兴趣的项目中——从棒球队的数据统计到多发性硬化症的仪表盘，从神圣的单词用法信息表到圣诞老人的追踪器。主题的范围从搞笑到严肃，难度级别从简单到复杂，而你可以找到在这两个极端之间的各种内容。

而它不仅可以让企业的数据管理员不受限制地进行创作，而且你还会发现，数据记者的作品通过数据讲述了我们这个时代的故事，企业营销人员为推广活动创作了引人入胜的内容，政府机构为民众提供了访问公共数据的渠道，而非营利组织则通过交互式数据来吸引人们对他们事业的关注。

所有这些"作者"都有两个共同的特点：（1）他们在网络上广泛传播给他们并不完全了解且无法提前进行交流的观众；（2）他们无法确定该观众是否愿意停下来观看他们的创作，或者即便停下来，也不一定会停留很长时间。

这两项事实带来了一个有趣的设计挑战，直接导致了对清晰度和美观性的需求。由于这项工作可能会被数百万人观看，所以它必须相对容易理解，以便让具备不同数据素养的观众都能看懂。这就是清晰度如此重要的原因。由于许多其他在线内容也同样在争夺这数百万人的关注，它也必须能够引起他们的注意并激发他们的想象力。所以，这也是还要考虑美观性的原因。

我一直坚信，在创建供观众使用的数据图表时，清晰度和美观性都至关重要。

为了尝试更详细地定义它们，术语"清晰度"（clarity）一词在这个语境中的意思非常明确。当我用这个术语来描述数据可视化时，我指的是数据可视化向观众传递对真实世界一些基本事实的精确理解的速度和有效性。人们已经通过几种方式对其进行了科学研究，包括认知测试以及眼动追踪研究等。

清晰度可能很容易定义，但不幸的是，美观性不会如此配合。当然，美观性的问题在于，"情人眼里出西施"这个众所周知的俗语是非常正确的。当下对我来说看起来很美的东西，对你来说不一定很美，甚至对不同时间的我来说，可能看起来也不那么美。

就像时尚一样，某些风格的元素开始流行，然后又以难以预测的周期被人再次慢慢遗忘。因此，在定义美观性方面存在着一个问题。对"美丽"的通用标准令我们感到困惑，并且这个问题会一直存在。

在上一章绘图乌龙中谈到了这两个方面，而当时的重点是清晰度，即选择图表并创建它们，以便人们可以完成工作或是准确地了解事物的状态。但它也涉及美观性，即选择简单的调色板来吸引读者的注意力。

设计会同时影响清晰度和美观性。正如史蒂夫·乔布斯在本章引言中所指出的，我们不能把设计领域缩小到只考虑美观性。我们要如何与经过设计的事物进行交互以及它们会如何发挥作用也非常重要。就像我在机械工程学校中学到的一样，我们需要考虑形式、适用性和功能，以便为世界创造有价值的东西。

所以，我想将本章分为两个主要部分。第一部分将介绍与数据可视化的外观和感觉有关的陷阱；第二部分将重点介绍与我们如何与数据可视化进行交互有关的陷阱。

陷阱 7A：令人困惑的颜色

在创建具有多个图表和图形的仪表盘时，很容易陷入的一个陷阱就是，使用颜色的方式会让人们感到困惑，如图 8-1 所示。有很多方式都会让人对颜色感到困惑，包括经常被诟病的红绿色编码，让患有色盲的读者无法准确通过颜色来进行识别。不过，这只是其中的一种，我想举例说明"令人困惑的颜色"陷阱的三个其他版本，因为我发现像我这样的人会经常陷入这种陷阱中。

在本节结束时，我将讨论在创建具有多个视图的仪表盘时，我所期望实现的设计目标。

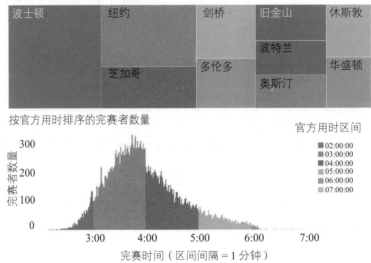

图 8-1　一个为不同的属性使用了相同颜色的波士顿马拉松赛的仪表盘

颜色陷阱 1：对两个不同的变量使用相同的颜色

第一种常见陷阱的示例来自一场马拉松赛的仪表盘，其中显示了 2017 年波士顿马拉松赛的结果。

以下是关于该仪表盘的一些优点（我喜欢的东西）和变量（我会更改的东西）。

- 优点：我喜欢在直方图中使用颜色来显示清晰的分割点。我们可以看到，在整点时间前，尤其是比赛进行到 4 小时的时候，完赛者们成群结队地越过了终点线。这很好地展现了目标的设定是如何影响人群表现的，令人非常着迷。

- 变量：可以看到相同的红色被用于来自芝加哥和波特兰的完赛者，以及在 4~5 小时内完成比赛的人。同样，相同的橙色编码也被用于来自纽约和奥斯汀的完赛者，以及在比赛开始后 3~4 小时内完成的人。同样，青色、蓝色和绿色也都具有多种含义。尽管乍一看会让人觉得这些群体之间有所关联，但是它们之间并没有实际的联系。

为了避免这种混淆，我建议对直方图和树状图使用完全不同的配色方案，并且不要在树状图内使用任何重复的颜色。或者更好的是，不要将这两个图完全放置在相邻的位置，因为它们讲述的是完全不同的故事。

颜色陷阱 2：对相同变量的不同量级使用相同的颜色饱和度

同样，我也曾犯过这样一个错误，就是用相同的颜色饱和度为同一仪表盘创建了两个相互矛盾的颜色图例。我曾用加州各个县的道路里程数据创建了一张地图，图中展现了我的这个错误。

在这张图中有两个不同的顺序配色图例，它们使用了完全相同的绿松石色。在填充地图中，完全饱和的绿松石色对应的是一个特定的县（洛杉矶县），该县共有 21 747 英里的道路。

而在条形图中，完全饱和的绿松石色对应的是一个特定的道路类型（地方道路），整个加利福尼亚州总共有 108 283 英里这种类型的路。如果只是顺便瞟一眼仪表盘，观众很可能会将洛杉矶县与地方道路联系起来，并错误地认为这两个标记是相关的。或者，如果两个图例同时在视线中出现的话，读者们有可能会看错对应的颜色图例，并弄错各个县道路的实际英里数；反之亦然。

从软件用户的角度来说，这真的是一个非常容易陷入的陷阱，因为要做的只是点击"Miles"的数据字段并将其拖拽到决定地图颜色的区域。而当创建和编辑条形图时，也可以这么操作。这两个可视化方案完全是在按照不同的维度（县和道路类型）对英里数进行汇总，但只要稍不注意，人们就可以轻松地创建出令人困惑的颜色编码。

那有没有办法来避免这类颜色陷阱呢？

其实，条形图上的颜色编码是多余的。我们已经通过不同道路类型所对应的条形长度了解了它们在英里数上的相对比例，而这本身就非常有效。当考虑到添加颜色肯定会与必须使用颜色来进行区分的地区分布图产生冲突的情况下，我们为什么还要在颜色的条形图上加上英里呢？

颜色陷阱 3：在一个仪表板上使用太多颜色编码

人们经常会遇到在仪表盘上使用过多配色方案的情况，尤其是在大公司的仪表盘上，各个相关方都要求将除最底层之外的所有内容都添加到视图中。

为了说明这一点，图 8-2 中显示了一个我所创建的仪表盘——我在当中第一次使用了 Tableau Desktop 所随赠的超级商店销售额（Sales SuperStore）示例仪表盘。

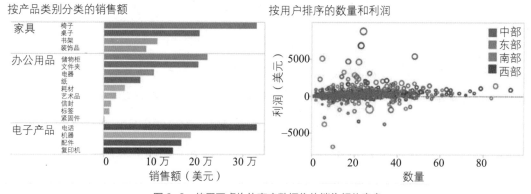

图 8-2　使用了虚构的商店数据集的销售额仪表盘

在这个仪表盘中，我们看到不止一种（共 2 种）红绿颜色编码，并且对于完全相同的度量指标（利润），它们具有不同的极值。我们还看到散点图中使用了红色和绿色，但在这里它们指的是四个不同地区中的两个（分别是西部和南部），而不是不同的利润水平。

我想你明白我想表达的意思了，这不是我们想要创建的仪表盘。我认为自己在创建它时，违反了所有的规则。

我的设计愿望：每个仪表盘中只有一种颜色编码

这个目标并不一定总能行得通，但我会尽可能地在我所创建的每个仪表盘中，都包含有且只有一种配色方案。这样做的原因在于，我发现，当某人在其制作的仪表盘上使用超过一种颜色时，我会花很多时间才能弄清楚其仪表盘上各个颜色代表的意义。事情就是这样简单。

这意味着我经常不得不做出艰难的选择，即让哪个变量（定量或分类）成为在仪表盘上获得有且只有一种颜色编码的那个幸运儿呢？它会成为最受关注的变量，所以它应该是与用户在使用仪表盘执行主要任务时最相关的那个变量。

比如，如图 8-3 所示，这是个为销售会议而创建的仪表盘，在会议中美国各个销售地区的主管都会讨论他们各自地区内哪些方面运作良好，哪些方面情况不佳，那么"地区"这个属性就很可能会占据显赫的位置。

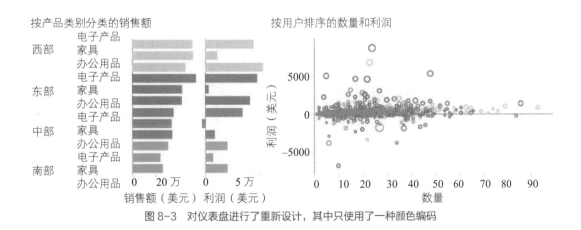

图 8-3　对仪表盘进行了重新设计，其中只使用了一种颜色编码

要注意，这一版的仪表盘并没有显示总体上哪些城市是没有利润的。我们在左边用单独的条形图显示了按产品类别划分的利润情况，但地图中不再向我们提供有关利润的任何信息。所以，这一版的仪表盘实际上显示的信息更少，但却以更易于理解的方式来进行显示。销售主管通常更关注销售的情况，也就是"顶线"（top line），而不是利润的情况，也就是"底线"（bottom line）①。

但如果我们发现按城市划分的利润对于讨论是至关重要的，那我们需要找到一种方法将其重新添加到仪表盘中，或者我们需要创建第二个视图来处理关于这部分的讨论。

通常来说，没必要把所有可能需要的信息都塞入单个视图中，因为这会导致出现我们在本节中所讨论的令人困惑的颜色类型。

陷阱 7B：遗漏的机会

你记不记得，在第 4 章（这一章是关于第三个陷阱——数学失误的）中，我们展示了常见的软件默认设置是如何导致我们完全忽略了一个事实的，即一位喜怒无常的诗人在他职业生涯的三年中没有发表任何作品。我们忽略这一事实是由于视图中缺少了年份，因为数据集中并没有这些年份的数据记录。

我们展示了如何更改此图表的设置来避免这种陷阱，而我将在图 8–4 中再次展示这个图表。

我在第 4 章中没有提到的是，这一版本的图表不只是在 x 轴上省略了几年，它还忽略了一个明显的美观性设计的机会。

---

① 在公司的损益表（income statement）中，其第一行（top line）为净销售额，而最后一行（bottom line）为净利润。——译者注

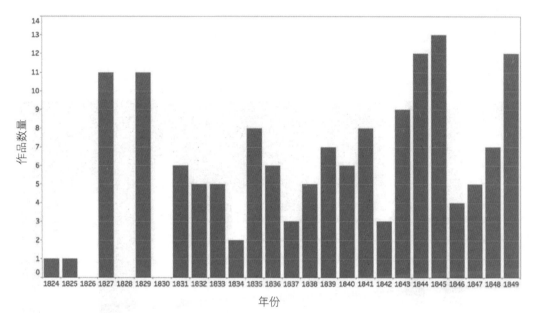

图 8-4　用柱状图显示埃德加·艾伦·坡的作品（包括未发表作品的年份）

对于那些熟悉埃德加·艾伦·坡的诗歌及故事的人来说，他的作品大多是情绪低落而忧郁的，有些甚至是十分冷酷并萦绕于心的。但是，这张图表并没有什么特别情绪低落或忧郁的地方，当然也没有很冷酷或特别萦绕于心的地方。这是一张漂亮、明亮的蓝色柱状图，其中为每个已发布作品进行了划分，营造出堆叠箱型的感觉。它无法唤起人们对埃德加·艾伦·坡作品的感受，并且没有任何美学元素可以吸引读者或者以任何方式与他们交流主题。

这又是一个遗漏之罪，一个非常重大的遗漏。

每当我询问我课堂上的学生，他们将如何改变这种视图来增加一些艺术气息时，他们通常会建议把正方形改为书本，来营造一种让书本堆积的感觉。我觉得这个主意不错，但他发表的作品篇幅千差万别，其中有些短得令人难以置信，而这可能会引起误解。

不过我们可以做的是，将 y 轴倒置，使正方形向下堆叠，而且我们可以把颜色从明亮的蓝色更改为红色，让人产生血迹斑斑的滴血感觉，如图 8–5 所示。

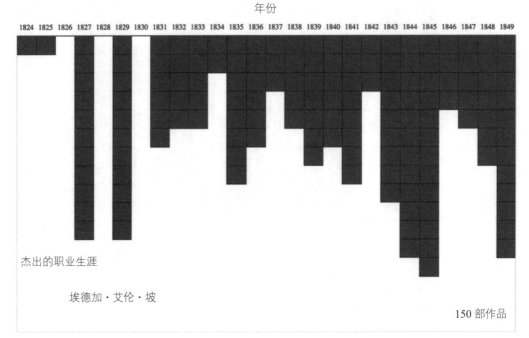

图 8-5　对图表进行了调整，其中增加了美学元素

我们在对坐标轴进行翻转的时候需要非常小心。如果标记是线而不是条形，那么在度量值增加时，斜率似乎会下降。所以，我很少有机会来翻转折线图的坐标轴。

但对于有一种情况来说，进行这样的翻转操作是可行的，那就是显示排名随时间的变化。由于像 1 和 2 这样的较小的数字对应着更高的排名，而像 99 或 100 这样较大的数字对应着更低的排名，因此对 y 轴进行翻转实际上会有助于显示特定项目或群组的排名是上升还是下降的，如图 8–6 所示。

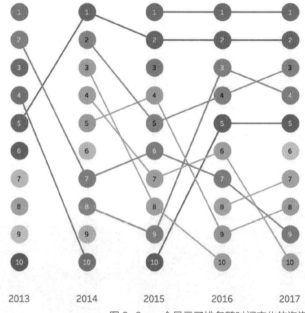

领英：公司最需要的技能

看看领英发布的最需要的技能在过去五年间是如何随时间变化的
悬停在每个圆圈上来查看被排名的技能，点击阅读详细分析

2017 年排名

1　云计算及分布式计算

2　统计分析和数据挖掘

3　中间件和整合软件

4　Web 架构及开发框架

5　用户界面设计

6　软件版本控制系统

7　数据展示

8　搜索引擎优化营销

9　移动开发

10　网络及信息安全

2013　　2014　　2015　　2016　　2017

图 8-6　一个显示了排名随时间变化的泡泡图

如果排名第十的技能排在图表的顶部，而排名最高的技能排在图表的底部，看起来难道不会很奇怪吗？在我看来，这类图表其实是在对轴进行翻转后，有助于认知和比较的一类。

关于艾伦·坡作品的图表的例子只是用来表明，对轴进行翻转并不会对理解有着显著的帮助或阻碍，但这种方式确实有助于提升图表的美观性。我们仍然能感受到，在那些方块向下堆叠的年份有更多的作品被出版，似乎如果有液体一直不断往底部滴落的话，镜子上就会出现更多的血迹。

但其中的关键在于，当添加艺术气息会导致清晰度或理解度急剧下降时，或者添加美学元素可能会完全误导其中一部分观众时，我都会非常犹豫。这些是需要权衡的，并且需要与潜在的观众进行测试，即使这个测试只是权宜之计。

不过，在这个例子中，我们可以做的不仅仅是简单地对 y 轴进行翻转。在这个图表的正中间有一个很大的空白，这是来自数据之神的礼物，我们可以利用它来获得极大的美学优势。虽然我认为我们不应该填充所有空白区域（实际上恰恰相反），但好在这个图只需要一张作者本人的画像。我们很幸运，公共领域内有一张埃德加·艾伦·坡精美的椭圆形肖像图，该图可以根据知识共享许可协议的要求免费使用。他的签名图像也是如此，并且可以很好代替他名字的文本，而且这个做法非常合适，因为他的作品都是手写的，而不是通过文字处理程序录入的，其效果如图 8-7 所示。

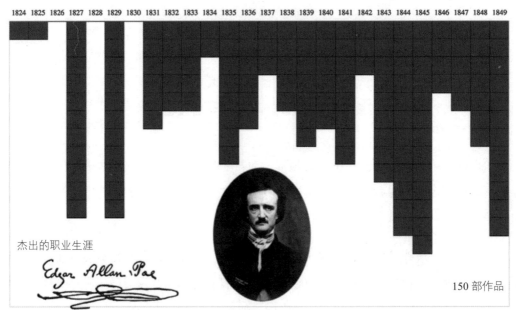

本·琼斯，2015 年 10 月 7 日

图 8-7　对仪表盘进行了调整，增加了图像以进一步提升美学的作用

这些图像并不是无用的垃圾，实际上它们都传递了信息。他的照片会被我们当中的许多观众（尽管不是全部）认出来。对于那些以前看过他的照片并熟悉他的脸的人来说，再次在这里看到他不仅可以传达主题，并且还可以让人们回想起在高中教科书中阅读他的诗歌时的回忆和感觉。我们在这个体验中创造了真正的价值。

人们很容易错过这样的机会，然后陷入另一个遗漏的陷阱。避免这种陷阱的关键在于，让我们的创造力得到发挥，并询问自己存在怎样的机会来增加可以提升观众整体体验的美学成分。

由于两个原因，我们在试图避免这种陷阱时必须加倍小心。前面已经提到了第一个原因，即人们可能需要在清晰度和美观性之间进行取舍，所以我们对此要谨慎对待。第二个原因是，有时候我们的观众根本不想要任何这样的元素。对于有些人来说，这一类的视觉增强实际上非常烦人，如果你添加了额外的元素，他们会非常恼火。

我永远不会忘记，我曾向在亚利桑那州一个城市办公室工作的一群人进行了长达一个小时的演讲，演讲的主题是关于他们如何将与此类似的创意技巧应用于他们的报告和仪表盘中。在演讲的最后，我问观众中是否有人觉得在他们目前的岗位上没有机会使用这些创造性元素。

一位女士举起了手。她说她在警察局工作，并且会准备每周的报告。她认为，任何添加创意或美学上令人愉悦的元素的尝试都会适得其反。尽管我没兴趣想要解雇她，但我还是要求她思考一下，来挑战一下她的这一假设。我很希望看到她在仪表盘上添加了一两样花哨的东西，并得到所有那些讨厌图表且脾气暴躁的领导们的称赞。但自从那次演讲后，我就再也没跟她交谈过。如果这个故事的结局让你感到失望，那真的非常抱歉。但需要说明的是，我仍然认为她能够做到。

陷阱 7C：可用性

当然，设计不仅仅是单纯的颜色选择、美学元素和外观。就像本章的引言所述，它代表着工作方式，需要考虑形式、适用性和功能。

我受到了以用户为中心的设计大师唐·诺曼（Don Norman）的经典畅销设计著作《设计心理学》（*The Design of Everyday Things*）的启发和引导。你真的应该读完整本书，书中的内容适用于人们所设计的，如从椅子到门、从软件到组织结构等所有类型的物品。它提供了周到且实用的原则，可以指导设计师们更好地设计所有东西。这里的"好"指的是"设计适合人们需求和能力的产品"。

当我读到它时，我想到数据可视化现在也已经是日常事物了，甚至包括在平板电脑和手机上看到的那些互动性很强的可视化。但这差不多是在过去 10 年左右的时间里才有的发展。尽管可以找到互联网早期的示例来证明这句话没有错，但直到最近，数据、软件工具和编程库的爆炸式增长才导致了它们的泛滥。

而且我发现，在诺曼著作中的每一点和每个原则都能直接适用于数据可视化。我想特别强调一下最打动我的五个点，它们都与数据可视化领域强相关。

好的可视化是可发现且可理解的

诺曼在他的书最开始的部分描述了所有设计产品的两个重要特征。

- **可发现性**：有没有什么办法弄清可以采取哪些操作，以及在什么地方要怎样来执行？
- **可理解性**：这是什么意思？该产品要如何使用？各种不同的控件和设置是什么意思？

他谈到了常见的事物，而这些事物通常都是不易发现和不易懂的，例如水龙头、门和灶台。我在书中最喜欢的一句话是关于水龙头的：

如果你希望人们去按水龙头，那就让它看起来好像应该是要被按动的。

在我看来，典型灶台设计中的混乱局面和数据可视化领域的情况如出一辙。为了说明这个情况，让我们先从灶台的问题开始。你之前是不是有过点错火的情况？这是为什么呢？因为你很蠢吗？不是这样的。因为控件和灶头之间的映射一般都太差了。有时燃气灶的四个灶头排成了 2×2 的网格形式，而控件（点火开关）却还是一条直线，如图 8-8 所示。

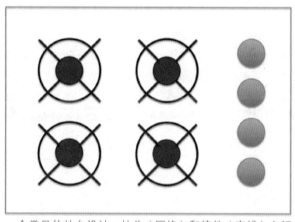

一个常见的灶台设计，灶头（网格）和控件（直线）之间
没有自然的映射

图 8-8　一个常见的灶台设计，灶头和控件之间没有自然的映射

这与数据可视化有什么关系？我们经常会使用类似的控件（如单选按钮、组合框、滑块等）来过滤和突出显示视图中的标记。当在一个可视化（仪表盘）中有多个视图时，也有类似的机会来提供清晰或自然的映射。

诺曼提出了以下关于映射的建议。

- **最佳映射**（Best mapping）：控件直接安装在需要被控制的对象上。
- **次佳映射**（Second-best mapping）：控件尽可能靠近需要被控制的对象。

- **第三佳映射**（Third-best mapping）：控件以与需要被控制的对象相同的空间配置进行排列。

通常，软件默认设置将控件放在右侧。如图 8-9 所示，我尝试在通用的数据仪表盘上显示这些选项，其中四个不同的视图分别标记为 A、B、C 和 D，而对它们进行调整的控件则根据它们所控制的视图来进行标记。

常见的默认映射

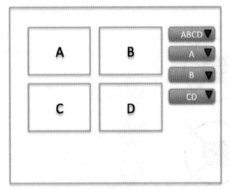

不管它们控制的是哪些视图（用字母表示），
所有筛选器都被放在了右侧

自然映射

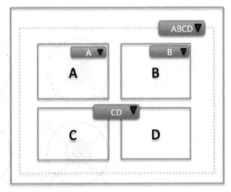

筛选器被放在极为贴近它们所控制的视图
（用字母表示）旁边

图 8-9　在数据仪表盘中，一个默认筛选器映射和自然的筛选器映射进行对比

上面介绍的是一个相对简单的示例，对于一个更为复杂的可视化方案来说，其设计师的工作就是让它可以同样清晰地表明该仪表盘可以做什么以及要如何去做。设计师可以使用诸如可供性（affordances）、指示符（signifiers）、约束条件（constraints）和映射（mapping）之类的东西使其变得显而易见。需要注意的是，要让复杂的事物显而易见，需要付出很多的努力。

不要因别人感到困惑或犯了错误而责备

诺曼在书中多次提到的基本原则——人为错误通常不是人类的错，而问题其实出在设计不良的系统。这里有关于该主题的两段引言。

如果将人为错误视为个人的失误而不是程序或设备设计不良的标志，则不可能消除人为错误。

如果系统让你犯错了，则说明系统设计得很糟糕。并且，如果系统诱使你犯错，那么它的设计真是糟糕透了。当我打开错误的灶头时，不是由于我缺乏知识，而是由于控件和灶头之间的糟糕映射造成的。

诺曼对滑动和错误这两种类型的错误进行了区分。

- **滑动**是指当你想要做某件事时，却做了另一件事。
- **错误**是指当你提出错误的目标或计划后，还对它进行了落实。

这两种类型的错误都会发生在人们与数据可视化进行交互的过程中。在移动设备的世界中，滑动很常见——也许我想点击手机屏幕边缘的那个小图标，但是手机应用程序却识别点击的是相邻的图标。

错误也很普遍。也许筛选出一部分数据来获得答案对我来说很有意义，但实际上，我引入了完全不合适的选择偏见，从而误导了自己。如果有人基于错误的信息做出错误的决定，而错误的信息是他们从你的可视化方案中得出的，那就算你没有更多问题，也至少和他们是一样的。

要如何才能确保你的读者避免滑动和错误呢？你需要构建和测试，并进行迭代。观察人们与你的可视化方案交互的情况，当他们搞砸的时候，不要责怪他们，也不要上前解释他们做错了什么，以及为什么他们没有更了解它。把这些记下来，然后重新开始。如果同意为你测试可视化方案的人犯了这个错误，你是否会认为这个错误可能很容易发生？而且你无法在那里告诉所有人他们做错了什么。对你来说，解决该错误的唯一机会就是预防错误的发生。

为娱乐和情感体验进行设计非常重要

我一直坚信这一原则。诺曼指出："伟大的设计师创造了令人愉悦的体验。"

体验是至关重要的，因为它决定了人们是如何怀念他们所进行的交互的。整体的体验是积极的，还是令人沮丧和困惑的？

如何让数据可视化的体验变得令人愉悦呢？这当中有很多方式，比如，可以让人们容易理解世界上一些有趣的或重要的事物，或者也可以运用良好的设计技巧和艺术元素，当然还可以用巧妙或有趣的隐喻，或是这些与其他的某种组合来让我们感到惊喜。

关于情感（emotion），我们当中的分析人士有时会对以字母"e"开头的英文单词感到过敏。认知在数据可视化的世界中扮演着重要的角色，而情感却没有。但是，这两者作为人类精神的驱动力实际上有着千丝万缕的联系。

认知和情感是无法分离的。认知思想是情感的源泉，而情感促进了认知思想的发展。认知试图让世界变得有意义，因为情感赋予了价值……认知提供了理解，因为情感提供了价值判断。

所以，让我们拥抱情感吧。有些数据可视化会让我们感到生气或不高兴，有些会让我们放声大笑，有些则只会让我们与之互动的过程非常愉悦。这些经验要素应该成为我们论述领域中的一部分，并且不应该被忽略。如果充分考虑这些经验要素，我们可能会设计出更好的东西。

复杂是好事，混乱是坏事

数据可视化有一个趋势，就是从2010年时复杂的大型仪表盘，转向超级简单的"轻量级"单个图表，甚至是GIF文件。这是为什么呢？很大一部分原因在于，这些单个图表在移动设备上的效果要更好。另外，在过去的几年间，我们逐渐发现那些大型仪表盘并不一定总是需要那么高的复杂性。

这是一个非常大的进步，而我完全认同这种趋势。但我们也要记得，丰富的互动通常具有很大的价值，而在更大的屏幕上依然会有这样的互动。我相信我们应该寻找新的创新方式，争取在更小的设备上为读者提供这些高级功能，而不是完全放弃丰富的交互性。当这些功能可以帮助我们实现某些目标时，我们会变得更好。而现在我们还有差距。

毕竟，智能手机屏幕上出现的问题并不是由于详细的、可筛选的仪表盘的复杂性造成的，其中的问题在于，我们还没弄清楚如何让这些功能对于读者来说是直观的，而现在的体验令人感到困惑。

我认为这是一件好事。我们这一代人有机会为子孙后代弄清这一点。让我们人类的数字素养得到提升是一件值得去努力的事情。

▍绝对精确并非总是必要的

我必须要实事求是，这对于我来说是一个敏感话题。有一种观点认为，可视化类型是唯一可以使用的类型，它使读者能够以最高的准确度猜测可视化对象的真实比例。有些人甚至宣称选择一种会比其他可视化类型引入更多错误的类型是不道德的（尽管它们都有一些错误）。

我在塔玛拉·蒙兹纳的《可视化分析与设计》一书中发现了关于不同编码渠道的一个很棒的可视化方案，如图 8-10 所示。

这项研究表明，所有的编码类型都不完美。人们不会百分百猜中其中任何一种编码类型所展示的真实比例。而很多时候绝对精度是没有必要的。这不是它们需要执行的任务，也不是我们试图灌输的一般意识。

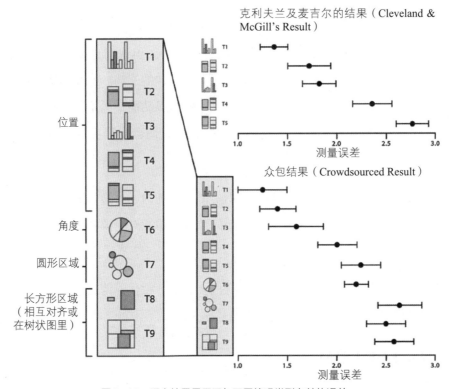

图 8-10　研究结果显示了与不同编码类型有关的误差

　　如果我们必须挑选一个精度最高的图表，那么我们就只能从点图、条形图和折线图中进行选择了，仅此而已。

　　这种推理路线的问题在于，手头的任务并非总是需要绝对精度。诺曼用"把摄氏温度转为华氏温度"来举了个例子。如果你只是想知道出门时是否需要穿毛衣，那么用一个简单的近似换算公式就足够了。不管是 52°F、55°F、55.8°F 还是 55.806°F[①]，在所有四种情况下，你都会穿一件薄毛衣。

---

① 这四个华氏气温的温度大概是 11℃ ~13℃左右。

由于每种可视化类型都存在误差，而我们既不是机器，也不是像素或墨水完美的解码器，因此有时达成通用意义上的理解就可以了。很多时候，这意味着我们可以自由添加有趣的图表类型来让它变得别有韵味。尽管这样可以为工作带来一些乐趣，但千万别这么干。

我认为那是一件好事。在 Tableau Public 的岗位上，我的确看到有很多人利用创造力取得了巨大的成就。当 2013 年我开始承担这一岗位的工作时，在商业智能领域，我觉得仍然有很多人觉得任何美学成分或艺术气息本质上都是邪恶的，应该避免，而当我离开时，这种态度发生了改变，至少在我看来，那些为公众消费和公司报告去创建仪表盘的人会感到，他们被鼓励去寻找可以让工作更上一层楼的美学元素了。

我们会看看该趋势能持续多长时间，以及它会不会一直来回来去，摇摆不定。

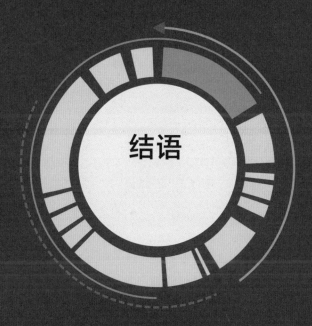

第 9 章

AVOIDING DATA PITFALLS

结语

How to Steer Clear of Common Blunders
When Working with Data
and Presenting Analysis
and Visualizations

犯错是生活的常态。对错误的应对方式才是至关重要的。

妮基·乔万尼（Nikki Giovanni）

到此时，我们已经一起度过了一段相当长的旅程，并且考察了数据工作过程中的方方面面——从奇迹的顶峰，到绝望的低谷。如果你和我的想法相同，相信你也会感受到，我们在这本书中所阐述的错误类型，只不过是个开始。

事实上，犯错是我们在成长的过程中所必须经历的。

为了说明这一点，我想和你讲一个来源无从查证的著名故事。

曾经，有一名记者采访了一位富有且成功的银行总裁。

"先生，"记者问，"您成功的秘诀是什么？"

"五个字。"银行总裁说。

"是哪五个字呢？先生。"记者问。

"明智的决定。"银行总裁答道。

"那么，先生，您是如何做出明智的决定的呢？"

"一个词。"

"哪个词？"

"经验。"

"那您又是如何获得经验的呢？"

"五个字。"

"是哪五个字，先生？"

"糟糕的决定。"

在处理数据的过程中，我们需要做出很多决定。有些决定是明智的，而有些则是糟糕的。期待我们或者他人永远只做明智的决定是不合理的。在通向处理数据的成功之路上，我们总会犯错，就像我们总会免不了遇到有问题的数据或者脏数据一样。因为数据本就如此。

我们可以选择应对这种情况的方式。我们可以直接放弃——为什么要尝试呢？我们可以逃避现实，装作我们没有犯其他人似乎经常犯的那些愚蠢的错误；或者，我们可以在每次陷入数据陷阱时都自责不已："我怎么这么蠢呢？"

又或者，我们可以从陷阱里爬起来，承认错误，接受错误的发生，在列表中做好标记，然后调查但无须批判我们为何没能提前发现错误，并且告诉自己一切都会变好的。我相信，如果我们可以这样做的话，那下一次再重蹈覆辙的概率就会大大降低。

我永远不会忘记当年我还是南加州的一家汽车传感器公司年轻的机械设计师时的一段经历。我当时的老板陈先生是一个非常聪明的人，他就像一位风趣的父亲或者祖父一样，一直细心地给予我指导。那时，我们的公司已经陷入财政危机有一段时间了。没有人能涨薪，而裁员似乎也迫在眉睫，公司甚至已经开始节省使用卫生纸了。整个公司在那段时期的处境都很艰难。

在我刚入职的三个月时间里，我负责在实验室制造一批传感器，这批传感器将会销售给一位客户。那一批传感器虽然数量不大，但原材料的价格加起来大约是 15 000 美元，差不多是那时我作为初级工程师工资的三分之一了。这批传感器需要先被校准，然后在固化炉中固化，最后再完成组装。图纸上对这个过程描述得很清楚。

但是我搞砸了。我告诉那些工资比我低很多的技工们可以直接先完成组装，我以为我们可以在组装后再对传感器进行校准。但实际上，我们不能这样做，就这样，整批元件就这么毁了，几百个高精度传感器都要被丢进大楼后面的废料箱里。想想就令人心痛啊！

我立刻就明白了，心中充满恐惧：这是我的错，与技工们无关。所以，我下定决心要向老板坦诚此事，并且做好了一定会被解雇的心理准备。那时，我的妻子已经怀孕，所以将这件事掩饰起来或者甩锅给别人的诱惑还是非常大的。

当我把事情告诉陈先生后，他拿着图纸和我一起去了实验室。我们在实验室中走了一圈，而他也向技工们询问了事情的经过。技工们看了看我，看了看图纸，又看了看陈先生，然后说我给他们的指示与图纸不同。我点头以示同意，并表态说不应该责备他们。

陈先生和我一起回到了他的办公室，各自坐下。在他开口之前，我问他，是否会因为这个代价昂贵的错误而解雇我。他笑着说："你在开玩笑吗？我刚刚花了 15 000 美元给你做了不校准传感器的培训。我可付不起给另一个初级工程师再上一遍这堂课的费用了。"

显然，这让我松了一口气。确实，我也学到了关于如何为重型卡车传感器校准的宝贵的一课。但我学到的更宝贵的一点是，犯错是不可避免的，所以不要为了一个错误就陷入自责或指责别人。而且，如果你把错误的代价想成培训费用的话，事情也就没那么糟了。

所以，我真诚地希望，你不要被所有犯错的可能吓退。我写这本书的初衷完全不在于此，而刚好恰恰相反。犯错的可能性根植于我们的世界中，尽管令人生畏，但我们不能被它彻底吓倒，进而让自己缩手缩脚，无所作为。

数据将成为我们人类未来的重要组成部分。在我们这一代，数据的重要性在很短的时间内就得到了迅速的提升，而这一势头并没有丝毫减弱的迹象。可以说，我们正处在人类"数据工作"完整寿命的婴儿期阶段。

让我们想一想婴儿。新生儿的免疫系统第一次学习要如何与有害的病毒做斗争。新生儿会长成幼童，并学会如何避免撞到茶几，或者从楼梯上摔下来。幼童会长成小孩子，并学会不要乱碰炉灶。这些早期的经验让一个人发展出强大的免疫系统、灵敏的平衡感，以及对尖锐物体和灼热表面的躲避本能。

对数据来说，这正是我们为子孙后代所做的事。我们需要继续面对这些潜在的陷阱，从中汲取经验，更好地辨别它们在哪里出现、以怎样的形式，以及该如何避免。我们正在建造免疫系统、防御机制并培养人类的习惯，以便更好地利用数据而不身受其累。如果未来的人们回顾我们所犯的错误，对我们不屑地翻白眼或者摇头的话，那我们就算完成自己的使命了。

这本书只是个开始。它只是我在数据工作中遇到的错误类型的简要归纳。我想，这些错误可能只是我这一生中会遇到的所有不同类型陷阱中的一小部分。我仍然有很多要学的东西，而我也会不断记录下我所遇到的新陷阱。我希望其中有些陷阱，是我没有掉进去过的。

如果你认为我遗漏了一些重要的陷阱，或者把其中任何一项弄错了，请一定要告诉我。我相信我肯定有所缺失。尽管在写一本关于陷阱的书的过程中掉进陷阱里很伤自尊，但我也为此做好了准备。所以不用退缩，直接告诉我就好。

正如我所承诺的，我为你准备了一份检查单作为提醒，其中总结了本书中涉及的所有陷阱，以及避免它们的方式。你尽可按照自己的需求来修改或增添这个列表。这是一份动态的文件，而它本身也很可能陷入那些它试图为你避免的陷阱。

祝你在通往数据高地的旅途上一路顺风！

避免陷入数据陷阱的检查单

陷阱 1：认识误差——我们如何看待数据

- 1A. 数据与现实的差距：要辨识数据和现实情况的不同之处。

- 1B. 过度依赖手工的数据：要辨识人为录入的数据及其处理过程。

- 1C. 前后矛盾的评分：要检验评分和测评结果的可重复性与可复制性。

- 1D. 黑天鹅陷阱：要检查在做出全称陈述的过程中是否出现了归纳跃进。

- 1E. 可证伪性与上帝陷阱：要检验假设和结论是否是可证伪的。

陷阱 2：技术陷阱——我们如何对数据进行处理

- 2A. 脏数据：考虑每个变量中的值，对数据进行可视化，并仔细排查异常值。

- 2B. 糟糕的混合和连接：对每次数据连接、融合与合并操作，检查输入值与输出值。

陷阱 3：数学失误——我们如何对数据进行计算

- 3A. 多重汇总：探索数据的轮廓，并留意只包括部分数据的类别。

- 3B. 缺失值：排查空值，并查找类别中相邻级别间的缺失值。

- 3C. 汇总数：确定是否有任何类别的级别或数据行中显示了总计或小计的数据。

- 3D. 荒谬的百分比：在对比率或百分比进行相加时，要考虑其分子和分母。

- 3E. 不匹配的单位：检查涉及变量的公式是否使用了正确的计量单位。

陷阱 4：统计疏忽——我们如何对数据进行比较

- **4A.** 描述性错误：在描述平均值、中位数和众数时，要考虑分布的情况。

- **4B.** 推断陷阱：在对整体进行推断时，要确认其统计显著性。

- **4C.** 狡猾的抽样：要确认抽样样本是随机的、无偏差的，并且是分层的——如有必要的话。

- **4D.** 对样本量不敏感：要留意那些非常小的样本量、罕见事件或极小的比率。

陷阱 5：分析偏差——我们如何对数据进行分析

- **5A.** 错误地认为直觉和分析相互对立：问问自己是否遵循了人类的直觉。

- **5B.** 浮夸的外推：检查自己是否对太过遥远的未来做出了预测。

- **5C.** 欠考虑的插值：考虑相邻数值之间是否应该有更多的数据点。

- **5D.** 不靠谱的预测：想想你是如何预测数值的，以及这样的预测是否有效。

- **5E.** 不过脑子的衡量指标：检查一下你所测量并可视化的数据是否真的有意义。

陷阱 6：绘图乌龙——我们如何对数据进行可视化

- **6A.** 棘手的图表：确认可视化的核心目标，并验证该目标是否达成。

- **6B.** 数据教条主义：问问自己，是否由于墨守成规而没有考虑某个可行的解决方案。

- **6C.** 错误地认为"最优"和"满意"相互对立：决定你需要追求最优解还是满意就行。

陷阱 7：设计风险——我们如何对数据进行修饰

- **7A.** 令人困惑的颜色：尽量只使用一种配色编码方案；如果确有需要，就再增加一种。

- **7B.** 遗漏的机会：停下来思考，是否可以为图表添加恰当的装饰。

- **7C.** 可用性：检验用户是否能够很好地使用你的可视化。

陷阱 8：有偏差的基准——谁能对数据发声

- 8A. 未被听见的声音：确保你能听到并考虑那些一直以来不被重视甚至被忽略的声音。

"未被听见的声音"陷阱

亲爱的读者，你好。我现在正坐在西雅图郊外家中的沙发上，沐浴在七月里一个周日的晨间阳光中，刚刚读完这本书初稿九个章节中每一章的编辑修改与校对内容。我突然有一个醍醐灌顶的领悟，让我不得不停下来，问自己一些重要的问题。

在我开始打算写这本书的时候我就知道，我会在写一本关于陷阱的书的过程中陷入很多的陷阱。我下定决心来应对这种颇具讽刺意味且不可避免的情况，并且决定要做一名为自己开药的医生——学会对自己所犯的错误置之一笑，并在吃一堑长一智后继续前行。

但是，我对接下来要说的错误并不打算一笑了之。我发现自己陷入了一个可怕的陷阱，但我在这本书中的任何地方都从未描述过。确切地说，这个陷阱并非长久以来不被人们所注意，因为绝大多数人甚至都不认为这是个陷阱，而这个观点直到最近才有所改变。很多人认为，这么做是理所应当的，甚至是最好的。

我说的到底是什么陷阱呢？你是否注意到，在上面的检查单中，增加了第 8 个陷阱？如果你没发现的话，可以回去再看一眼。

在这本书中一共有九章，每章开头都有一则语录作为引言。我很享受在写作时查找并挑选一段语录的过程，因为在这个过程中，我能够看到那些杰出人物的思想和语句，并受到他们的启发。对我来说，这样的过程受益匪浅。

但是，在这本书的初稿中，九段语录全部来自男性，一则来自女性的启发性的语录都没有。

没有！

零！

怎么会这样？我怎么会在长达四年的初稿写作过程中，竟然没有挑选出哪怕一则来自女性的语录呢？

更糟糕的是，我怎么会在本书出版印刷前的最后一刻才意识到这个问题呢？这本书马上就要到达全世界读者的手中，其中包括来自各个年龄段的女性读者，她们渴望学习关于数据的技能，并且为我们身边日益增多的数据讨论做出贡献。

如果我是这些女性当中的一员，当我拿到这样一本书，想着如何才能让我的声音被听到的时候，我会做何感受呢？

我对这个陷阱感触颇深，所以我决定不仅要改正我的失误，还要写下这些话，希望在数据世界中，我的男性同行们也能意识到这个问题。

这个陷阱在我们的数据领域中、在更广泛的理工科（STEM）①领域中，甚至在整个西方世界中都普遍存在。在我写下这段话的时候，维基百科上的 150 万个人物词条中，只有 17% 是关于女性人物的。

有才华的女性的声音长久以来被人所忽视，而她们做出的贡献，也常常被归功于男性。我正在为数据可视化协会发行的新期刊《夜莺》（*Nightingale*）撰稿，讲述 20 世纪一名数据可视化专家与作家玛丽·埃莉诺·斯皮尔（Mary Eleanor Spear）的故事。

---

① 这里作者使用的是 STEM，即 science, technology, engineering, mathematics（科学、技术、工程、数学）这些领域的统称。——译者注

她在 1969 年写了一本优秀的著作。这本书我直到最近才发现，名为《实用绘图技术》（*Practical Charting Techniques*）。而我现在正在等待她更早之前于 1952 年出版的《统计学绘图》（*Charting Statistics*）一书寄到我家。

为什么我要在这里提到斯皮尔呢？首先，当然了，在我写下这句话的时候，维基百科上都还没有关于她的词条（这一点很快就要改变了）。

但不仅如此。有一种常用的统计图表类型，叫作"箱形图"（box plot），它能够简洁、方便地展示数值型数据的四分位数。如果你对其来源有过研究的话，就会发现，箱形图的发明常被归功于数学家约翰·W. 图基（John W. Tukey）。维基百科上的原文是："（图基）于 1969 年首先引入了这种数据可视化类型。"

而与此同时，"玛丽·埃莉诺·斯皮尔"这个名字，在维基百科"箱形图"的词条上根本无迹可寻，尽管她的名字可以在关于该图表类型的研究论文中找到。

但她的名字确实应该出现在维基百科的词条中。在其 1952 年的著作中，她描述了箱形图的雏形，当时被她称为" 范围条形图"（range-bar）。很显然，图基后来对其进行了修改，才创造了如今为我们所熟知和使用的箱形图。

即使有很多人认为，图基的修改很重要，但为什么斯皮尔的名字在关于箱形图起源的讨论中总是不被提及呢？如果图基是基于另一名男性的工作所做的修改，那么那位男士的名字也会被人遗忘不提吗？为什么我在商业智能领域从业了这么多年，才在最近几个月首次听到她的名字？

另外，为什么当我回去寻找来自女性的语录用于章前引言时，我所发现的相关内容数量却少得可怜？为什么在一篇声称列举了"100 条最杰出的数据语录"的文章中，仅有 7 条来自女性？这还只是其中一篇文章。还有许多其他我找到的列举了" 前 20 条"或者"前若干条"数据和分析语录的列表，其中一条来自女性的语录都没有。

这些问题，我们必须问问自己。事情不应该是这样的，而我很惭愧地想到，由于懒惰地选择引言，我几乎在这本书中完全贯行了这种令人不可思议的偏见。我原本选择的那些语录并没有什么问题，它们都是来自杰出人物的杰出之见。我也并不是要看轻他们，或者看轻图基，或者看轻那些花时间来为我们整理语录的人们。

不过，是时候放大那些长久以来被淹没的声音了。人们需要听到各种各样的声音。曾经的传统会过滤掉诸多卓越贡献者，而这会让我们损失甚巨。让我们想象这样一个世界，人们的想法被听到和考虑是因为其言论本身的价值，而不是因为他们本身所处社会地位的价值。这样的世界，难道不会更美好吗？

我们可以做些什么让我们的世界朝着这个方向改变呢？让我们一起努力吧。

　　在 18 世纪，天文学家和物理学家普遍认为，由于实验中测量工具不够精确，将观测值与预测值之间的离差视为小的、无关紧要的误差。英国数学家、统计学领域的前辈卡尔·皮尔逊（Karl Pearson）提出，测量值本身，而不是测量的误差，就具有一种正态分布。我们所测量的，实际上是随机散布的一部分，它们的概率通过数学函数——分布函数被描述出来。他也由此提出了偏斜分布，揭示了统计学的本质。

　　在与数据打交道的近 10 年里，从在校期间的案例分析，到工作后的将数据洞察应用于商业运营，我们不断思考，数据能带来的真正价值是什么？要如何才能成为一名专业的数据专家？市面上许多课程和参考书或许会把重点放在工具和方法论上，而我们认为，真正的答案反而就在数据本身。

　　从对业务背景的认知、数据的处理、洞察的输出，到推进落地反哺业务，数据工具和方法论更多聚焦于提高输出的下限。而只有深耕这一领域的人，才会如工匠一般感受并体会到，当客观的数字到了分析师的手中，抽丝剥茧，在每一个细节上反复推敲、交叉验证，而后出现的每时每刻变化时的喜悦和余音绕梁的灵气。

　　这些每时每刻的变化细节，造成了种种不易察觉、不易避免的数据陷阱。发现数据分析中的误区、避免落入数据陷阱，正是这本书的核心议题。只有做到对数据细节的洞察和对数据陷阱的巧妙应对，才能使我们从数据中获得最准确可靠的信息，从而应用于实践中，实现从数据到价值的转化。尽管这些精益求精的功力常常不为外人所知，但这恰恰体现了数据领域中的工匠精神，也必定使我们在方法论和实践中获益良多。

在这里，我们特别感谢一直以来给我们提供无私支持、帮助和理解的父母。感谢陈天皓的父亲陈宏给予他的各种引导和指点、母亲徐彤从编辑出版角度给予他的专业意见；感谢段力鲡的父亲段正轩和母亲何巧云，在她成长过程中给予她最大限度的自由、尊重和爱；感谢步凡的母亲高晓芬和父亲步道远，为她提供丰富的物质基础与教育条件，支持她远渡重洋，在统计学和数据科学领域不断深造。

当然，也要感谢我们非常喜爱的数据领域，成为我们丰沛的精神食粮，让我们走到一起，把这本书呈现在你面前。能够和志同道合、值得信赖的朋友一起完成这一译作，是十分愉快的经历，也让我们深感幸运。无论你是统计专业的学生和研究者，还是数据分析的从业人员，或仅仅是对数据中的各种陷阱感兴趣，相信你都会从本书中有所收获。希望这本书可以帮助你避免陷入数据陷阱，让你在数据分析的道路上不再孤单。

最后，由于译者水平有限，书中难免存在一些错误、疏漏或不妥之处，恳请读者给予批评指正，以便我们在重印时改正。

陈天皓　段力鲡　步凡

北京阅想时代文化发展有限责任公司为中国人民大学出版社有限公司下属的商业新知事业部，致力于经管类优秀出版物（外版书为主）的策划及出版，主要涉及经济管理、金融、投资理财、心理学、成功励志、生活等出版领域，下设"阅想·商业""阅想·财富""阅想·新知""阅想·心理""阅想·生活"以及"阅想·人文"等多条产品线，致力于为国内商业人士提供涵盖先进、前沿的管理理念和思想的专业类图书和趋势类图书，同时也为满足商业人士的内心诉求，打造一系列提倡心理和生活健康的心理学图书和生活管理类图书。

《商业仪表盘可视化解决方案》

- 仪表盘制作大师，数据可视化比赛 Iron Viz 冠军的倾心之作。
- 数十个行业、数十种真实商业场景的数据仪表盘精彩荟萃。
- 教你如何最大限度挖掘数据内涵、创建匹配的数据仪表盘并游刃有余地解决企业实际问题。

《数据之美：一本书学会可视化设计》

- 《经济学人》杂志 2013 年年度推荐的三大可视化图书之一。
- 《大数据时代》作者、《经济学人》大数据主编肯尼思·库克耶倾情推荐，称赞其为"关于数据呈现的思考和方式的颠覆之作"。
- 亚马逊数据和信息可视化类图书排名第 3 位。
- 畅销书《鲜活的数据》姐妹篇。
- 一本系统讲述数据可视化过程的的普及图书。